6~12岁情绪管理书

Hello,
情绪小怪兽！

[美] 汉娜·谢尔曼 _著
（Hannah Sherman）

崔界峰_译　陈莹_校　葛海姣_插图

电子工业出版社
Publishing House of Electronics Industry
北京·BEIJING

Copyright © 2020 by Rockridge Press, Emeryville, California

First Published in English by Rockridge Press, an imprint of Callisto Media, Inc.

本书中文简体字版授予电子工业出版社独家出版发行。未经书面许可，不得以任何方式抄袭、复制或节录本书中的任何内容。

版权贸易合同登记号　图字：01-2021-6076

图书在版编目（CIP）数据

6～12岁情绪管理书. Hello, 情绪小怪兽！/（美）汉娜·谢尔曼（Hannah Sherman）著；崔界峰译. —北京：电子工业出版社，2022.3

ISBN 978-7-121-42953-8

Ⅰ.①6… Ⅱ.①汉… ②崔… Ⅲ.①情绪—自我控制—少儿读物 Ⅳ.① B842.6-49

中国版本图书馆 CIP 数据核字（2022）第 026686 号

作　　者：[美] 汉娜·谢尔曼
译　　者：崔界峰

责任编辑：李　影　　liying@phei.com.cn　　特约编辑：牛天晓
印　　刷：北京市大天乐投资管理有限公司
装　　订：北京市大天乐投资管理有限公司
出版发行：电子工业出版社
　　　　　北京市海淀区万寿路 173 信箱　邮编：100036
开　　本：720×1000　1/16　印张：8.25　字数：100 千字
版　　次：2022 年 3 月第 1 版
印　　次：2022 年 3 月第 1 次印刷
定　　价：48.00 元

凡所购买电子工业出版社图书有缺损问题，请向购买书店调换。若书店售缺，请与本社发行部联系，联系及邮购电话：（010）88254888，88258888。

质量投诉请发邮件至 zlts@phei.com.cn，盗版侵权举报请发邮件至 dbqq@phei.com.cn。

本书咨询联系方式：（010）88254210，influence@phei.com.cn，微信号：yingxianglibook。

本书献给跟我一起合作过的每一个孩子，是他们激励我每天用一颗好奇而仁慈的心不断探索正确的方向；还有西利娅·罗斯，是她为我们所有人指引了前进的道路，让我们可以为这个世界做很多有趣的事情。

目 录

写给孩子们的一封信   9
写给家长们的一封信   11
译者序   13

第一部分　你的感觉

练习1　做个小测试   20
练习2　大想法和小念头   24
练习3　感受呼吸   26
练习4　感受身体   28
练习5　感受环境   30
练习6　我的正念工具箱   33

第二部分　为新的一天做准备

练习7　情绪评估   41

练习8　你有哪些愿望？	42
练习9　好奇心调查表	43
练习10　唤醒你的身体！	44
练习11　自我宣言	46

第三部分　保持关注

练习12　感受专注	53
练习13　追踪一段乐曲	55
练习14　关注自我的镜像	57
练习15　带着感觉行走	58
练习16　细节式涂鸦	60
练习17　高山呼吸法	61

第四部分　了解你的情绪

练习18　为何会有不同的情绪？	67
练习19　情绪和表情	69
练习20　探索负面情绪	70
练习21　腹式呼吸	72
练习22　情绪充电器	73

第五部分　如何应对焦虑

练习23	是什么让你焦虑？	79
练习24	焦虑时的身体反应	80
练习25	吹焦虑泡泡	81
练习26	把焦虑冲刷掉	82
练习27	紧缩和放松	83
练习28	画一首曲子	84
练习29	给紧张起个名字	85

第六部分　从容面对困境

练习30	我身体的哪个部位有反应？	91
练习31	摇动身体	92
练习32	转动风车	93
练习33	将消极想法转变成积极想法	94
练习34	难忘的经历	97

第七部分　做出最佳决定

| 练习35 | 即刻反应与理性回应 | 103 |
| 练习36 | 识别"暴风雨信号" | 104 |

练习37	一次畅快的叹气	105
练习38	手部练习	106
练习39	行走放松法	107
练习40	愤怒宣言	108
练习41	做出选择	109

第八部分　表达善良、悲悯和共情

练习42	拥抱世界	115
练习43	传达美好祝愿	116
练习44	我的所爱	117
练习45	给自己写一封信	118
练习46	为伤心伸出援手	119
练习47	说出关照性话语	120
练习48	感谢的心声	121

第九部分　夜晚补足能量

练习49	月亮禅语	126
练习50	蜷缩和伸展	127
练习51	思绪小溪	128

练习52　月光身体扫描　　　　　　　　　　129

练习53　情绪冥想　　　　　　　　　　　　130

我们一起前行　　　　　　　　　　　　　**131**

写给孩子们的一封信

你们好，欢迎阅读这本书！

我叫汉娜，在纽约市布鲁克林区的一所学校工作，也是一名私人执业咨询师。每天我跟孩子们在一起工作，帮助他们找到适当的方法，来应对困难和不良情绪。我热爱这个工作的最主要的原因，是我能够帮助孩子们了解正念的力量！正念可以帮助你觉察身体内外正在发生什么。它也能帮你接受自己的体验，而不是努力推开这些体验，或者认为这些体验是不对的。通过正念练习，你能学会如何拥抱自己，对自己和周围的人更加友善。

在我与孩子们一起工作（以及我自己进行正念练习）的这些年里，我看到正念的方法能够帮助我们克服困难、关照强烈的情绪以及从我们的经历和周围环境中不断学习提升。

这本书的目的是帮助你开启自己的正念之旅！本书包含了多种正念练习和活动，将会帮你更好地连接自己和周围的世界。这些练习和活动会帮你学会好奇且仁慈地处理所有孩子都会面临的体验和挑战。我希望这本书会给你一次内省、成长和学习的机会。

当你践行本书中的各种活动时，你会变得与自己的情绪、想法和行为更加协调一致。你会学到一些正念技巧，帮你很好地开启每一天，修通不良情绪，做出更好的决定。这些正念技巧也会帮助你发现你的关注焦点，面对担忧，对自己和他人抱以仁慈之心，用一种积极乐观的心态来度过每一天。

首先，你要从阅读第一部分开始，来了解正念到底是怎么回事，它是如何帮助你的。接下来，你可以从头至尾通读或挑选本书中你感兴趣的内容。如果你想要在学校里保持更好的注意力，可以直接跳到第三部分。如果你想要学会如何应付你的担忧，可以看看第五部分。读书如同一次旅程，本书会指引你一路赏景。你准备好了吗？让我们开始吧！

写给家长们的一封信

欢迎各位家长！

我感到非常高兴，你的孩子开始了他们的正念之旅！那么，究竟什么是正念呢？正念，是在不加评判的情况下去觉察你的内在和外部的经历及体验。在我最初开始针对儿童和青少年的临床工作时，我发现了正念的非凡价值，即其可以作为一种治愈和成长的途径。现在我最大的兴趣之一就是支持儿童及其家庭，将正念练习融入他们的日常生活中。

我见证了正念在各种工作环境中对孩子们成长的很多方面所表现出的多项益处，这些工作环境包括精神科门诊、学校和私人诊所等。正念有助于孩子们发展对自己及其周围世界天生的好奇心。正念的益处持续增加，包括提升注意力、提高自我调控能力、发展出自我积极体验等。所有这些有助于孩子们处理一些症状（也是儿童经历的最常见的心理健康挑战），其中包括注意缺陷与多动障碍（ADHD）、抑郁和焦虑。总体上，正念有助于孩子们建立一种与其身体的积极连接，并感觉到自己的心智对身体的掌控感。

这本书为6~12岁儿童提供了50多项练习，帮助孩子们拥抱自己、理解自我的感受、积极专注、处理不良情绪、在面对困境时保持平静，以及善待自己和他人。我希望你与孩子们一起阅读，与他们分享一路上的学习体会！

译者序

正念并不神秘，它是一种练习活动、一种思维方式，同时还是一种生活方式。正念来自佛教的禅修打坐冥想，是一种极具东方或中国特色的自我修行方式。心理学家经过近几十年来的实践和研究，将这种自我修行方式的宗教色彩去掉，就转变成当今流行的正念练习。关于正念练习对于人的情绪、身体和行为的研究，已经积累了相当多的证据，显示正念具有减轻焦虑抑郁情绪、缓解身体不适症状、提高生活舒适体验、改善社会适应能力等作用。在全世界范围内，越来越多的人都在练习正念，受到了极大的欢迎。

对于青少年这一特殊群体来说，他们在成长过程中会面临很多挑战和困难，比如注意力缺陷、多动、厌学、人际关系问题、情绪障碍、适应障碍、自残自杀行为、躯体不适等。近几年我注意到，在我的心理门诊患者中，青少年患者占到了一半以上。这些青少年往往被焦虑的父母带来就诊，很多父母感到非常迷惑不解，经常会问：为什么是我的孩子？父母极度不愿承认和接受自己的孩子会出现上述这些问题，同时也急切地想去帮助孩子解决这些问题。父母们苦于没有什么方法来帮助孩子，感到力不从心，有时因为急于求成反而帮了倒忙，甚至破坏了亲子关系，孩子向父母关闭了沟通的心门。

鉴于上述青少年问题，除给予孩子一些专业的药物治疗和心理治疗以外，我在心理门诊中也一直给父母做一些心理教育工作，让他们能够以一种有益的方式（最低限度是"无害"的方式）来帮助自己的孩子，给孩子留下一个自我调整的空间，给孩子提供一个自我成长的环境。留下空间的依据是，父母要放弃全能父母的幻想，相信每个孩子都有自我修复的潜能，是无为之为；提供环境的依据是，父母要提供父母应有的功能，做到适当陪伴和帮助，是有为之为。

正念是指在不加评判的情况下去觉察你的内在和外部的经历及体验，其中的"不加评判"就是无为之为，主动陪伴孩子去"觉察内在和外部的经历及体验"就是有为之为。只有这样，父母才不会帮倒忙，而可以非常有效地帮助孩子走出困境。

本书包含九个部分共50多项正念练习，简单易操作，不但适用于6~12岁的青少年，也适用于更大年龄段的孩子，甚至成年人。父母可以与孩子一起阅读本书，一起练习，相互交流，分享体会，帮助孩子理解自我的感受、积极专注、处理不良情绪、在面对困境时保持平静，以及善待自己和他人。

总之，正念有助于孩子们接纳与拥抱自己，建立一种与其身体的正向关联性，并感觉到自己的心智对身体的掌控感。

我相信，这会为孩子将来步入成年打下坚实的心理基础，也是父母给孩子最好的礼物！

崔界峰

写于风峰心理工作室

2021-10-12

欢迎开启你的正念之旅！在第一部分，你将了解什么是正念、正念的益处，以及练习正念的方法。你要通过感觉来聆听你的呼吸、你的身体和你周围的世界。

第一部分

你的感觉

什么是正念

当我们听到"正念"这个词时，有时会认为就是感觉平静和放松的意思。正念当然有助于我们生出这样的感受！但是更要牢记在心的是，正念是一种练习，它是我们处理自我觉察的一种练习。它并不是一种感受，也不是一种感受方式。我们总是可以对自己的体验和周围世界保持更为正念（或觉察）的状态。通过这种方式，正念的目标是不断取得进步，并不是要变成一个导师或超级冠军！正念不是一场比赛或竞技。正念只是尝试不同的练习，并发现那些对你有用的内容。

正念的好处

或许你内心在想："我为什么要关注正念呢？"对于初学者来说，通过练习正念，你能够更好地聆听你的内心和身体想要发出的声音。它包括很多方面的益处！

正念有助于你友善对待自己和他人，这包括你的朋友和家人。正念有助于你建立自信并自我感觉良好。正念还能帮助你控制自己对不同感受和体验的反应，甚至面对非常艰难的情形也能够自我掌控。当你愤怒时，正念有助于你停下来，深呼吸；当你伤心时，正念有助于你思考你想要对朋友说什么；正念还能帮助你在付诸行动之前暂停和思考。这更有助于你解决问题和做出更好的选择，而不是做出令你后悔的决定。

正念可以帮助你以一个良好的开端来开启每一天，有助于你晚上内心平静和睡个好觉。正念有助于你度过一整天的好时光。

练习 1

做个小测试

以下是你在家和在学校时的日常情境。圈出与你相符的状况。（不必担心结果，按内心真实想法回答即可）

读了一页书后，我没记住刚才读了什么内容。
总是　　　　　　　　有时　　　　　　　　从不

老师在课堂上提问，我不知道要做什么，因为我正在想别的事情。
总是　　　　　　　　有时　　　　　　　　从不

我的伤心和愤怒情绪有时会被压抑下去，因为我不想感受到这些情绪。
总是　　　　　　　　有时　　　　　　　　从不

我很快从一件事转去做另一件事，经常是连第一件事也没完成。
总是　　　　　　　　有时　　　　　　　　从不

当我感到崩溃或沮丧时，我会说一些狠话或未经思考大吼大叫。
总是　　　　　　　　有时　　　　　　　　从不

当朋友正在讲述一个故事时，我会打断他。
总是　　　　　　　　有时　　　　　　　　从不

我大部分时间都花在反复思考过去发生的事或未来即将发生的事。
总是　　　　　　　　有时　　　　　　　　从不

审视和思考一下你的答案。你是否对一些答案感到很惊讶？你注意过自己的一些表现吗？正念能帮助你更好地处理上述所有情境。在你的正念之旅中，只要你愿意，随时都可以回头来做这个练习评估自己。（提示：上述这些情境出现得越少，你的正念觉察度越高！）

随时随地练习

正念像一种魔力，可在任何时刻为你所用。你可以选择何时和如何使用正念！

你可以对身体内部正在发生的情形保持正念，这包括你的想法、呼吸和身体。你还可以对外部世界保持正念，这包括发生在你周围环境中的事情。

让我们来做一些有趣的活动：你可以以多种方式针对任何事情来进行正念练习！你可以通过冥想（深度专注地思考）或内省（安静地想自己的事）来探索正念。你还能通过运动和从事艺术活动来探索正念。或许最为重要的是，你可以只通过专注身体内部和外部正在发生的事，来练习正念。

这本书为你介绍了几十种不同的正念练习。你可以都试试！然后，找出你最喜欢的活动，以及你觉得对自己最有用的活动，来进行反复练习。

你的想法

你注意过自己的想法吗？把自己的想法想象成海岸上的浪花。想法涌上来，然后又退回去。有些想法大而有力，而有些想法小而微弱。有些想法的声音很大，将所有一切淹没，而有些想法很安静，很难被听到。在某些时刻，比如一个人时，你很容易注意到自己的想法。但在另外一些时刻，比如你正在与朋友们一起闲逛时，就不容易注意到自己的想法。

我们都有过不同种类的想法，包括积极想法和消极想法。想法经常与不同的情绪相关联。倾听你的想法，有助于你理解是哪一个想法与某个感受和事件有关联。但需要警觉的是，有时我们的想法告知我们的并不一定是事实。下面读一读皮拉尔的故事吧。

皮拉尔注意到自己在与朋友吵架后很伤心。在关注自己内心想法的那一刻，她意识到"没有人关心我"这一想法持续不断地跳进自己的脑海里。皮拉尔意识到这是一个消极的想法。她一旦能够对这一想法进行标记，想法就不再如此强烈了。她也意识到这并不是事实。当她关注到自己正在以一种消极方式来进行思考时，她会反问自己："我现在正在妄下断语[1]吗？还有其他方式来看待所发生的

---

[1] 译者注：指胡乱做出没有根据的判断。

一切吗？"皮拉尔通过标记自己的想法，以及改变自己看待问题的方式，帮助她理解了自己的内心，并把与朋友吵架这件事转化成了一次学习经历。

大想法和小念头

花一点时间,闭上眼睛,关注你的内心。你注意到了什么想法?这些想法是大而强烈的,就像海岸边巨大的波浪吗?或者,这些想法是小而微弱的,就像微波泛起涟漪吗?

在下面记录你注意到的想法。

巨大的波浪

微波泛起涟漪

练习 3

感受呼吸

把一只手放在腹部，另一只手放在心脏部位，开始感受。花一点时间来关注你的呼吸，但是不要试图刻意去改变它。你能感受到身体内部的呼吸吗？吸气时，你身体的哪个部位在感受呼吸？呼气时，你身体的哪个部位在感受呼吸？现在圈出右图中能描述你呼吸状态的词汇。

短浅　　轻松

深入　　困难

沉重　　急促

轻盈　　缓慢

你的身体

你已经针对自己的想法和呼吸进行过正念练习了，

这有助于你更好地理解你的体验和感受。现在我们要探索的是，对你整个身体进行正念练习会是怎么样的。心智与身体之间的关联性提示我们，想法、情绪和行为都是彼此相关的。

觉察身体，意味着要去关注你的身体是如何感受的。当你感到开心时，身体或许感到平静和专注。当你感到沮丧时，身体或许感到慌乱或分心，你可能会做出突然的动作。通过注意身体发送出的多种不同信号，来保持正念状态，你更能觉察到你的整个感受过程。通过让自己更有觉察，你能更好地照顾自己。

练习 4

感受身体

这是一次身体扫描练习，它帮助你关注身体各个部位的感觉。身体扫描练习可以开启你对身体感受过程的了解。首先把注意力放在你的脚和脚趾，关注它们。你的脚和脚趾在此时此刻有什么感觉？例如，你的脚是否感到温暖或冰凉？再感受一下，你能感觉到脚与地面的接触吗？接下来，将你的注意力上移到腿部。你的腿感觉怎么样？是在到处移动，还是静止不动？现在把注意力放在腹部。你的肚子感觉怎么样？是饥饿的还是饱饱的？

将注意力转到手臂。关注手放置的状态，感受手臂的重量。接下来，将注意力放在背部、胸部和肩部。你感受到放松或紧张了吗？你是昂首挺胸地站立着，还是弯着腰？然后，将注意力放在头部。你的头感觉轻松还是沉重？总的来说，你的身体感觉忙乱还是平静？

使用颜色和词汇，展示和表达此时此刻你身体的感受。

练习 5

感受环境

你是否有过这样的感觉，当你走路到商店或者朋友家时，才意识到你并没有注意到路上发生的任何事情？你当时脑子里在想着其他事情，几乎不记得是怎么走到目的地的！

正念有助于你建立一种与自己更深刻的连接。它也会帮助你感受到你与周围世界之间的连接。最重要的是，正念会提醒你欣赏你在这个世界上的旅程。

多关注你的五种感官，有助于你与周围环境保持连接（你还记得是哪五种感官吗？它们分别是触觉、视觉、听觉、嗅觉和味觉）。当你关注你的感觉时，就会更关注周围的环境，并注意到周围发生的事情。例如，在你走路去学校的途中，你可能听到汽车驶过的声音，或者看到某个遛狗的人。

将自己置身于此时此刻你所处的环境中，关注周围你所看到的东西。接下来，关注你听到的任何声音，包括近处的和远处的所有声音。最后，关注你此时此刻正在触摸或感受到的东西。你感受到

右图：
在去学校的途中，你注意到了什么？

脚下的地板了吗？你能感受到你正坐着的椅子吗？或者你身上穿的衣服吗？

记下此时此刻你看到的三件东西：

记下此时此刻你听到的两件东西：

记下此时此刻你摸到的一件东西：

练习 6

我的正念工具箱

回顾你在本部分已经学过和做过的一切。你学会了关注你的大想法和小念头，还学过感受呼吸。你已经做过了身体扫描，还关注了你的细微感觉。到目前为止，你最喜欢哪些练习？哪些练习对你是最有用的？为什么？在下面空白处记下答案。

回想你每天所做的事情，比如走路、上学、考试、与朋友或兄弟聊天、玩游戏，以及准备上床睡觉。你认为正念会对其中这些情境有帮助吗？

对哪几个会有帮助？例如，当你在学校做作业时，关注你的感觉可能有助于你集中注意力和保持平静。或许在晚上做一次呼吸练习，有助于你放松和入睡。记下你认为正念有帮助的所有情境。

第一部分 你的感觉 · 33

思考你可能会在一整天里的什么时候进行正念练习。在下面空白处，记下你最喜欢的正念练习。

上午

....

....

在学校

....

....

晚上

....

....

正念练习

正念练习应该是有趣的，不要像写家庭作业一样！这些练习的目的是要帮助你的。正念是一个探索事物并保持好奇心的状态。就像许多其他活动，如玩一项运动或一个乐器，使用的正念练习越多，获得的正念状态就越好。你越是处于正念状态，就越容易将觉察带入日常生活的各个方面。而且最重要的是，你使用哪些练习，何时使用这些练习，完全由你自己决定。

　　本书要帮助你学会如何定期使用正念练习。思考一下你的日常生活作息，以及在这其中何时进行正念练习比较合适。你会在上午或晚上花时间做一个正念练习吗？你上学期间怎么样？每天花1~3分钟来做一次正念练习，会产生巨大的变化。万事开头难，开了头就容易了。最重要的是你要开始做！

　　继续阅读本书，你将发现正念会给你带来许多不同的体验。这些体验包括，每天胸有成竹、专心致志、理解自己的感受、处理自己的担忧、保持平静、做出更好的决定、建立仁慈之心，以及每晚更为放松。

　　这其中有许多知识需要去探索，因此让我们继续前进！

正念可以帮助你开启有意义的一天，令你感到脚踏实地和内心平静，期待新的体验出现。每一天都是一次全新的开始。上午花几分钟去做一次正念练习，有助于你感到放松。在第二部分，你会探索不同的正念练习。这可以帮助你感到胸有成竹，并准备好用开放的大脑和心态尝试新的活动。

第二部分

为新的一天做准备

自信的一天

那是夏天的最后一天,也是娜迪亚去新学校的前一天。她感到既害怕又兴奋,脑海里思索着可能会出差错的所有情形。她不断问自己,"我交不上朋友怎么办?""我不喜欢老师怎么办?"这些想法占据了她的脑海,令她无法集中注意力来做有趣的事。她的身体发抖,一整天都心神不宁。晚上,她由于思虑过多而无法入睡。

娜迪亚一骨碌爬起来,决定开启自己的正念之旅。她注意到自己的心跳得很快,于是她坐在床上,做了三次深呼吸,让自己的呼吸慢下来。她记下能让自己平静下来的五件事情,并使用正念练习来提醒自己,无论她的身体发生了什么,她总是拥有掌控力,知道如何照顾自己。

在娜迪亚利用正念来让自己进入觉察、调整呼吸和内省后,她感到自己比过去的一周都要踏实。对于上学,她仍感到有一些害怕和兴奋。但是,她不再被自己的情绪所压制,已经准备好面对新学校。

右图:
去新学校的前一天,怎么也睡不着

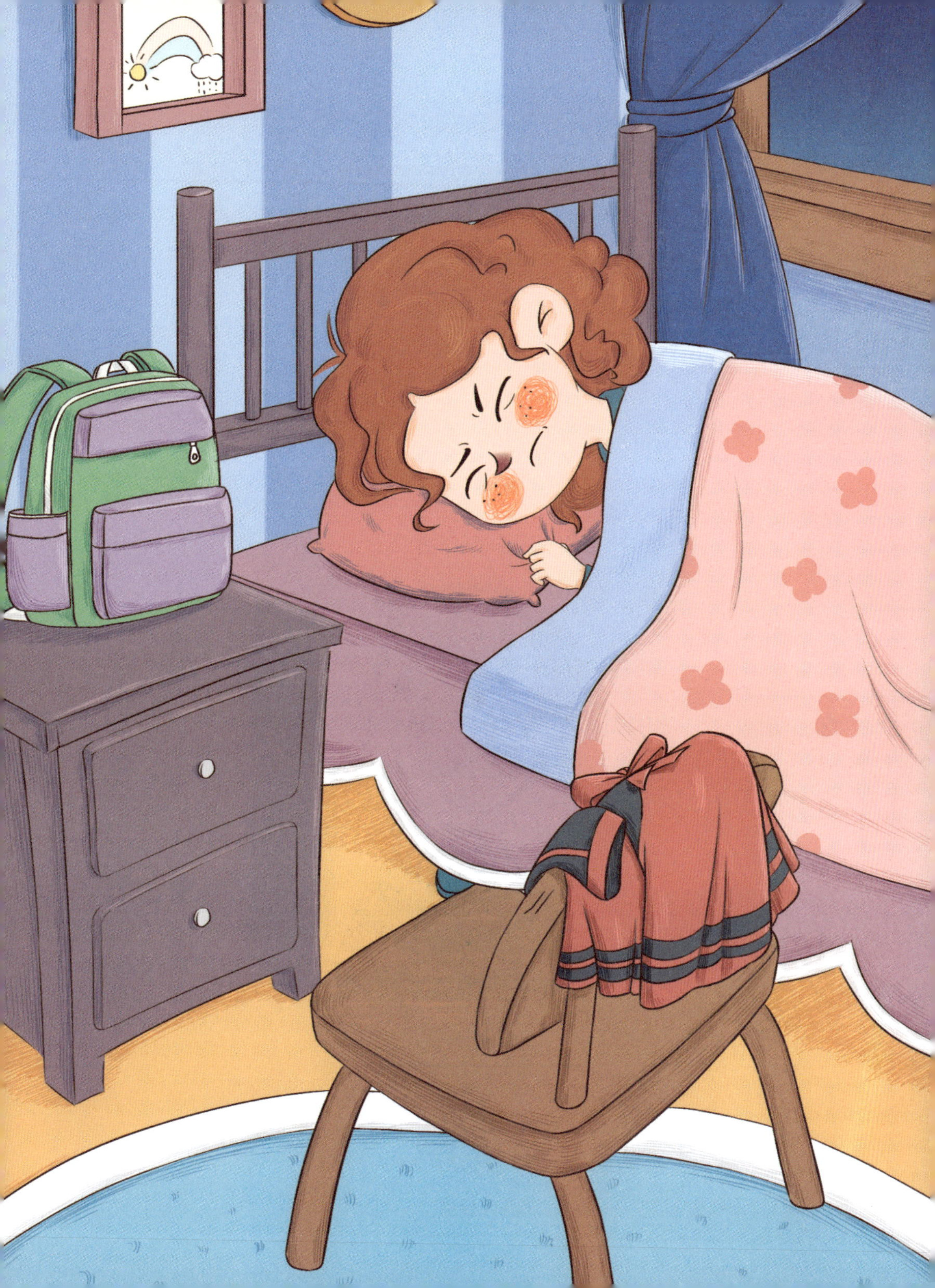

正念会帮你在接下来的日子里感到平静和自信。无论你要上学、做运动，或者会见陌生人，正念总能帮你进入自己的预备状态。你可能会询问自己："我怎么做才对呢？我注意到了什么？"许多正念练习帮助你脚踏实地和专心致志，同时也让你与当下时刻、当下的体验保持连接。

练习 7

情绪评估

今天你感觉怎么样？圈出能描述你此时此刻感受的词汇。

- 伤心的
- 开心的
- 嫉妒的
- 生气的
- 担忧的
- 骄傲的
- 焦虑的
- 平静的
- 沮丧的
- 易怒的
- 满怀希望的
- 孤单的
- 崩溃的
- 好奇的
- 逗趣的
- 疲倦的

第二部分　为新的一天做准备

练习 8

你有哪些愿望？

花一点时间来思考你未来的目标、希望和梦想。将它们记录在下面。

今天，我希望

在一年内，我希望

在五年内，我希望

现在闭上眼睛。当你想到未来实现这些目标、希望和梦想时，脑海中浮现出什么颜色、什么感觉、什么情绪？找一张白纸，画出你所看到的图景。

练习 9

好奇心调查表

正念意味着对你周围发生的事情保持好奇心。好奇心可以帮助你接纳新的体验，并接受它们本来的样子。好奇心意味着不断思索和想要学习更多。它激励我们从每个人和每个情境中学习。人类总是在不断变化中，好奇心帮助我们对成长的所有方式保持觉察。

花一点时间来反思：关于这个世界你有哪些好奇的事情？关于其他人你有哪些好奇的事情？关于你自己你有哪些好奇的事情？在下面空白处记下所有的好奇点。

关于世界的：

关于其他人的：

关于自己的：

练习 10

唤醒你的身体！

这个正念练习通过呼吸和运动来帮助你唤醒身体。它也会使你进入预备状态，在开启新的一天之前来感受自己。你可以在清晨醒来之后，或者离家上学之前，来尝试这个练习。

首先，花一点时间让自己进入状态。此时此刻你感觉怎么样？

稳稳地坐在椅子上，或者站在地板上。练习时尽量睁着眼睛。盯着你前方地板上的一点，一直保持。现在，开始轻柔地唤醒你的身体。缓慢转动颈部至一侧，然后转到另一侧。重复这个动作三次。接下来，耸起双侧肩膀接近耳朵。向后向下旋转双肩。然后，旋转一侧肩膀一圈，共三次。旋转另一侧肩膀一圈，共三次。现在，尽量挺直背部，关注呼吸。做三次深呼吸，用鼻子吸气，用口

呼气。每次吸气时，挥动双臂举过头顶，两只手相碰。设想你正在画你头顶的日出。呼气时，缓慢放下手臂至身体两侧。重复这个动作三次。关注身体的感觉。

花一点时间再次让自己进入预备状态。在做完这个练习以后你感觉怎么样？

自我宣言

练习 11

当你需要激励时，可以对自己说一个积极的自我宣言。阅读下列宣言。圈出今天你打算使用的一个宣言。

"我被强烈地爱着"

"我会度过美好的一天"

"我能从自己和他人身上学会很多"

"我会友善对待自己和他人"

"我准备好迎接一切"

列出一些你的自我宣言，记在下面空白处。

你有过在课堂上被老师提问，自己却因为开小差而一头雾水吗？或者，你有过正在跟朋友谈论什么事情，然后被其他事情干扰而忘了你正在谈论的事情吗？

本部分会教你如何使用正念让自己保持注意力集中。发现你的关注焦点让课堂学习变得更容易，帮助你加深与别人的关系，还能帮助你更好地参与到各种爱好中，比如体育运动、音乐和艺术。

第三部分

保持关注

你的注意力在哪儿

一天下午,肯德里克邀请朋友莱利到家里玩。肯德里克和莱利在后院玩耍了一会儿,然后进屋一起做艺术课作业。他们相互逗趣,玩得很开心。做了好长时间后,肯德里克记起他在平板电脑上下载了一款新游戏,他想让莱利也看看。

"等几秒种,"肯德里克说,"我想给你看件东西!"他离开房间,拿着平板电脑回来,开始搜索他下载的新游戏。"这款游戏非常酷。你也一定会喜欢它!"他对莱利说着,眼睛却没离开屏幕。

"好吧,真酷。"莱利兴高采烈地笑着说。他注视着肯德里克在不同屏幕间切换着。肯德里克最后找到了游戏,打开它,然后开始玩,莱利在一旁观看。看肯德里克玩了几分钟游戏后,莱利不再微笑,他开始感到无聊。

"嗨,肯德里克,我们能玩儿点别的吗?"莱利询问道。

肯德里克继续玩着游戏,并没有回应,似乎没有听到莱利的问话。

右图:
肯德里克玩得不亦乐乎,完全忘记了莱利

我们能玩儿点别的吗?

"肯德里克！"莱利提高了嗓门。

"噢，对不起。你刚才说什么？"肯德里克抬头看着莱利说。

"我们能玩儿点别的吗？"莱利说，"这游戏太无聊了。"

"噢，当然可以。我刚才有点入迷了，"肯德里克说道，把平板电脑放在了一边，"这东西实在是太让人分神了。"

经常会有许多事情同时在我们身边发生，并在我们头脑中浮现，这会干扰到我们，使我们很难保持注意力集中！和其他技巧一样，保持注意力集中也需要练习。正念有助于你保持专注，因为它可以引导你在某一时刻将注意力返回到一件事情上。正念帮助你关注自己的思绪何时飘走或漫游到其他事情上。当你关注到思绪飘走时，便将其拉回到你想要专注的对象上。你练习得越多，就越容易做到这一点。

练习 12

感受专注

想一想，当你走神时身体和内心是什么感受？有些人走神时，会觉得很难保持平静。有时他们会出现各种快速涌动的想法。之所以叫做快速涌动，是因为这些想法快速进入脑海而又变化多端。你是怎么发现自己走神了？

我发现自己正在走神，我的内心感受是：

我发现自己正在走神，我的身体感受是：

现在，花一点时间来审视一下，当你专心致志时身体和内心是什么感受？当有些人保持专注时，他们聚焦于任务上，感觉身体很平静。你是怎么发现自己很专注的？

我发现自己处于专注状态中，我的内心感受是：

....

....

我发现自己处于专注状态中，我的身体感受是：

....

....

我的内心和身体给了我一些信号，显示我是处于走神状态还是专注状态。关注这些信号，可以帮助我们理解何时使用正念练习来恢复专注。

练习 13

追踪一段乐曲

　　这个练习可以让你使用音乐来进行正念练习。选一首你喜欢听的歌曲。选择歌曲中的一段乐曲来关注，同时尝试用正念方式来聆听这首歌曲。这段乐曲可以是声乐、节奏乐或旋律。尝试从头至尾地追踪歌曲中的这段乐曲。如果你的内心在听歌期间飘荡不定，那么把自己的关注点拉回到你正追踪的那部分乐曲即可。

你听的是什么歌？

你追踪的是歌曲中的哪一部分？

你注意到歌曲中的新内容了吗?

正念式倾听是一项有用的技术,我们可以在与家庭成员和朋友交谈时使用它。它有助于我们成为"积极的倾听者",这意味着,我们在交谈中认真倾听别人,让他们感觉被听到和被理解。当我们积极地倾听时,我们回应时也会更体贴入微。

练习 14

关注自我的镜像

这一练习可以强化你对面前物体的注意力，能帮助你在上学、做运动或艺术创作中有更强的专注力。站或坐在一面大镜子前。举起双手，向前伸出，你可以看到镜中的影像。将注意力放在你的双手影像上。现在，以你想要的任何方式缓慢移动双手，但同时要保持对镜中双手影像的关注。当你的眼睛或思绪飘荡到其他地方时，轻柔地将它们带回到双手影像上。接下来，将注意力带回到真实的双手上。注意你的左手，然后注意你的右手。如果你的眼睛或思绪飘走了，再轻柔地将注意力拉回到双手。一段时间后，将双手放到身体两侧。关注和审视你的思绪和身体。你感觉怎么样？

此项活动难易程度如何？你注意到，你的眼睛或思绪什么时候会从你双手的影像中飘走？记下你对这次体验的想法。

练习 15 带着感觉行走

如果你感觉身体很难稳定踏实下来，可以尝试来一次正念行走！这项练习一边让你的身体保持运动，一边将你的关注点聚焦在触觉、视觉和听觉上。你可以在户外行走，或者沿着学校里的走廊行走。开始时，可以关注双脚与地板接触的感觉。在行走时你的脚有什么感觉？接下来，将注意力放在周围看到的事物上。尝试去注意周围很大的和很小的东西。你能定位那些移动的和静止的东西吗？最后，将注意力放到你听到的声音上。关注行走中听到的声音。尝试去聆听远处和近处的声音。或许你既能听到微弱的声音，也能听到响亮的声音。之后，把注意力带回到双脚的感觉上。

在正念行走中，你看到或听到的其中五种东西是什么？

记下它们，或者把它们画出来。

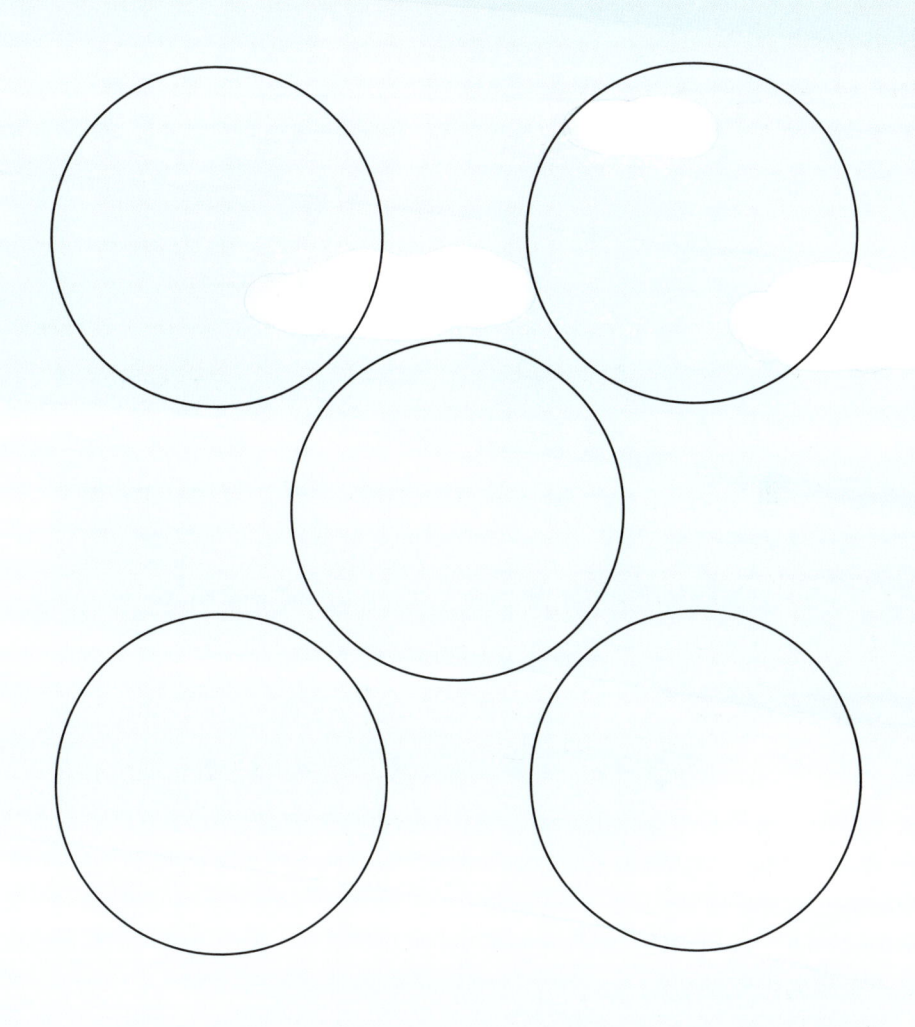

提示：当你在学校或家中感到很难安静地坐下来，或根本无法集中注意力时，正念行走是一个找回专注力的非常有效的方式。

练习 16

细节式涂鸦

　　此项活动会告诉你,保持注意力集中的能力会随着练习的增多而不断提高!你练习得越多,你就会越专注。选取家里的某个东西作为练习对象。可以是一株植物、一幅画,或者一件家具。在靠近练习对象的位置,找一个舒适的姿势坐下来,小的东西可以距离2~3尺,大的东西可以距离4~5尺。开始时,用你的眼睛扫视,将这个东西作为一个整体来关注,然后将注意力转向这个东西的微小细节。找一张白纸,尽可能细致地画出这个东西,画的过程中不要使钢笔或铅笔离开纸面。一直注视着这个东西,尽力去发现所有的细节,并将其画在纸上。当你觉得已经关注和画出这个东西的所有细节,就停下来观察你创作的这幅画!如果画作看上去并不精确,那也没关系。当你不断练习,注意力将得到提升,你的画作也会变得越来越细致入微了!

练习 17

高山呼吸法

这一平衡呼吸练习可以使你的身体平静下来,帮助找回你的专注力。闭上眼睛,想象你面前有一座高山。当用鼻子吸气时,想象自己爬上高山,当用嘴呼气时,想象自己走下高山。当你返回出发点时,尝试屏住呼吸来放慢呼吸频率。

当你在学校完成一项艰巨的任务或者做作业时,可以通过呼吸来找到平衡,这有助于使身体处于平静和专注的状态。

1. 用鼻子吸气,持续4秒;
2. 用嘴呼气,持续4秒;
3. 屏住呼吸,持续4秒;
4. 重复上述三个步骤。

第三部分 保持关注

每个人每天都会体验到一大堆不同的情绪。每个人的情绪体验都是不同的！无论你有着什么样的体验，正念都能帮你觉察情绪。正念还能帮助你学会以审慎的方式来回应不同的情绪，而不是未经思考地做出回应。本部分会帮助你与自己的情绪相接触，找到适于你的练习，来处理冒出来的不良情绪。

第四部分

了解你的情绪

感受你的情绪

卡伊今天过得很差。她感到伤心,心情就像一整天都被乌云笼罩着一样。她的身体感到疲倦和沉重,眼里充满泪水,竭力想把忧伤驱散。但这只会使事情变得更糟,天空更为乌云密布。

在放学回家的路上,她的眼睛里再次充满泪水。这一次,她不再竭力去控制自己,只是任泪水肆意流淌。哭了一会儿,她感觉好多了,身体也轻松多了。她的忧伤不再那么沉重,乌云散去了。卡伊做了一次深呼吸,所有的一切都烟消云散。

你观察过天空中漂浮的云彩吗?你可能注意到,云彩的形状不同,大小也不同。有些云彩是轻盈和稀薄的,有些云彩是黑暗和沉重的。情绪就像云彩一样。有些情绪令我们振奋,有些情绪令我们压抑。我们的情绪如云彩般来来往往,不断转换和变化。

我们每天会体验许多不同的情绪。有些情绪让我们感觉很好,有些则感觉很差。有些时候,你能识别出是哪一个触发事件,或者哪一个原因,导致你出现某一种情绪。另外一些时候,你可能根本

右图:
卡伊在放学回家的路上边走边哭,心情糟糕透了

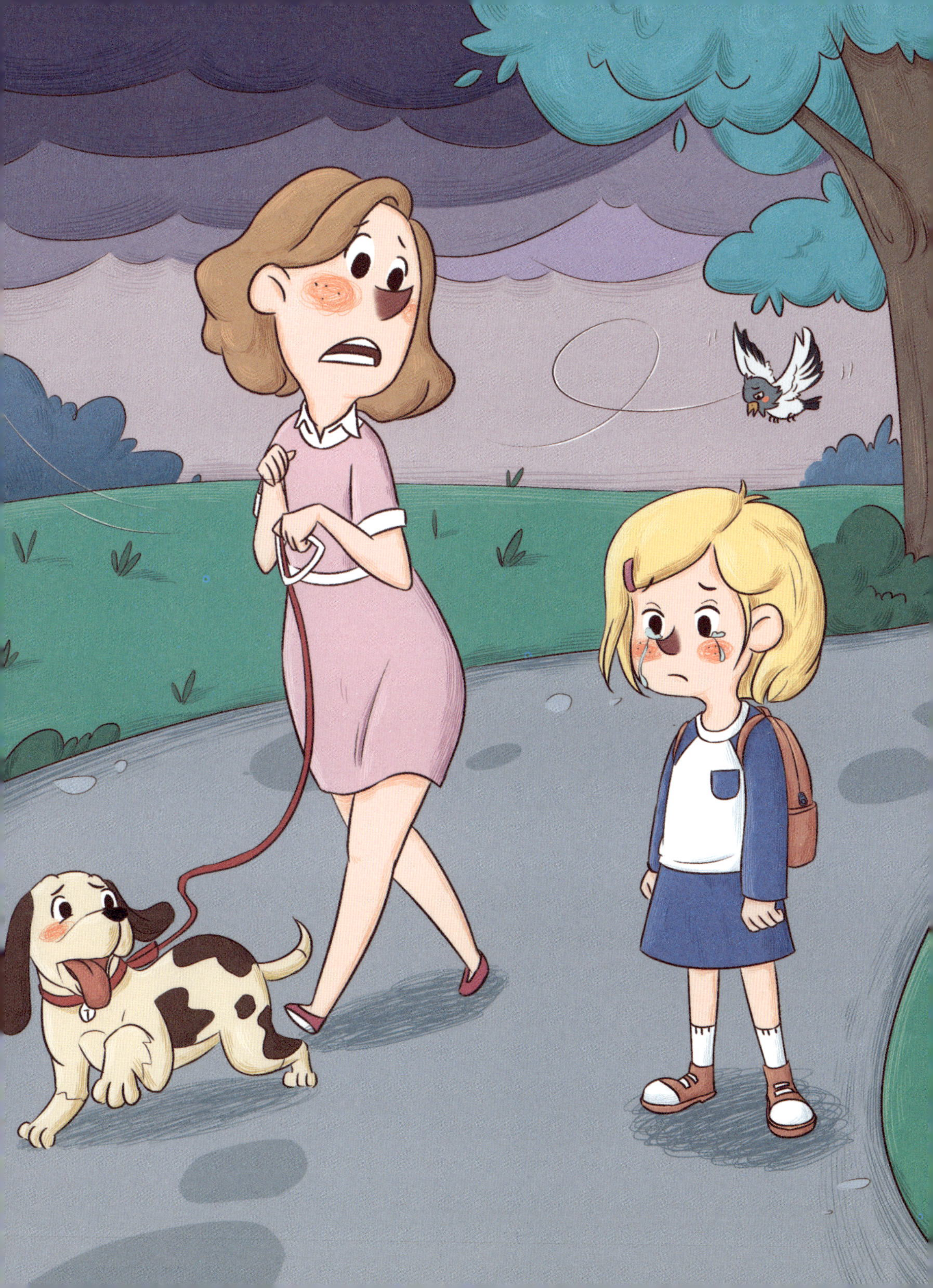

不清楚为什么会出现这样的情绪。

愤怒、悲伤、沮丧和焦虑，会导致我们做出某些不适当的反应，而这些反应并不会帮助我们感觉变好。除此之外，我们有时还会因为出现这些情绪而批评自己。这绝对没有任何帮助！

尽管我们并不能控制任何特定时刻涌现的所有情绪，但是我们能够决定如何回应这些情绪。这正是正念发挥作用的时刻！它可以帮助你拥有更多的掌控力。

对情绪保持正念状态，意味着觉察你的情绪。每个人体验情绪的方式都大不相同。例如，有些人在悲伤时可能会变得沉默，而有些人可能会哭喊。重要的是你要了解自己对不同情绪的独特体验。通过对情绪变得更有觉察，你就不会去评判它们，从而接纳情绪本来的样子。

学会对这些情绪做出回应，而不是下意识做出反应，能帮助你做出更好的决定。大多数时候，对情绪直接做出反应并不能令你的感受更好。愤怒可能会使你想要向某个人大喊大叫或者扔东西。但是，通过更好地关注愤怒，你可以做几次深呼吸，与对方谈论这件事，来作为处理愤怒的一种方式。

当你对自己的情绪保持正念时，会拥有更多的掌控力，从而更好地照顾自己！

练习 18

为何会有不同的情绪?

有时我们体验到一种情绪,是因为发生了一些事。能识别出导致不同情绪的不同触发事件或原因,有助于更好地理解自己的情绪。这样一来,我们就能做出更好的准备,去回应这些情绪。花一点时间,回顾和识别那些触发你不同情绪的人、地方和事情。

让你感到快乐的事情有:

让你感到忧伤的事情有:

让你感到愤怒的事情有:

让你感到骄傲的事情有：

让你感到嫉妒的事情有：

让你感到焦虑的事情有：

让你感到平静的事情有：

练习 19

情绪和表情

我们可以通过关注某人的面部表情来发现他的情绪。同样，其他人也可以通过关注我们的面部表情，来了解我们的情绪。

想一想你最近体验过的四种不同情绪。当你有这些情绪时，你看起来怎么样？你的面部肌肉放松了还是紧张了？你在微笑还是皱眉？在下面的方格内，画出你在体验不同情绪时的面部画像。在每幅画下面，写下每种情绪的名称。

第四部分　了解你的情绪

探索负面情绪

练习 20

当我体验到某种负面情绪，诸如愤怒、悲伤或焦虑时，有时我会试图将这些情绪赶走。在很多情况下，这种反应方式又会导致问题出现。某些情绪让我们感觉不好，但这没关系。重要的是，要意识到：试图回避或赶走负面情绪，并不会真正地让这些情绪消失。反而会使这些负面情绪更为顽固不化。

不要试图赶走或回避一种负面情绪，而是通过探索和询问来回应它。选择一种情绪，采用以下步骤来进行探索吧。

我正探索的情绪是：

----

1. 这一情绪是好的，坏的，还是中性的？

----

2. 出现这一情绪时我的身体感觉怎么样？（考虑你的面部表情、呼吸状况、躯体感受和身体姿势）

------

3. 与这一情绪相对应的想法是什么？

采用这些步骤来探索负面情绪，你的情绪会减弱，变得不再那么害怕了。你会有更多的掌控感，并能处理涌现出来的负面情绪。

练习 21

腹式呼吸

当你控制自己的呼吸时,信号会传输至大脑和身体内,令自己平静下来。当感到沮丧、焦虑或伤心时,腹式呼吸会对你有所帮助。你可以选择躺下来或者坐在舒适的椅子上。开始时,把双手放在腹部,关注你的自然呼吸状态。感受吸气时腹部鼓起来,呼气时腹部瘪下去。接下来的三次呼吸中,用鼻子慢慢吸气,感受腹部像气球一样鼓起来。尽可能使腹部鼓到最大程度!慢慢用嘴呼气,同时感受腹部瘪下去。用腹部深深地呼吸,有助于你感受身体内的呼吸过程,同时也能放松身体。做完以后,缓缓睁开眼睛。

练习 22

情绪充电器

情绪往往与你拥有多少能量有关。如果你有很多能量，身体会感到非常狂乱和忙碌。如果你的能量很低或没有能量，身体会感到缓慢和迟钝。如果你的能量水平刚好处于中间状态，身体可能会感到平静和专注。

阅读下列情绪词汇，然后按其能量水平等级进行整理，写在相应的能量等级空白处。

满意、焦虑、孤独、悲伤、崩溃、失望、希望、担忧、骄傲、感兴趣、激动、丧气、烦燥、自信、疲惫、愤怒

高能量水平

中能量水平

低能量水平

第四部分　了解你的情绪

感到焦虑和担忧特别像走过一片泥潭。想象每迈出一步，你的脚都会深陷其中。你发现很难拔出脚，这使你担忧下一步又会陷进去！正念会帮助你发现一种保持平静的方式，最终摆脱泥潭，踏上柔软的草地。在第五部分，你会学习到，当发现自己深陷担忧的泥潭中时，如何应对。

第五部分

如何应对焦虑

人人都有焦虑担忧

每个星期一，老师都会布置一个作业，要求所有学生星期五在课堂上做5分钟演讲。当老师宣布这一作业时，卡莫尔注意到自己的双手开始颤抖，心跳加快，肚子痛。

接下来的几个晚上，卡莫尔无法入睡，忧心忡忡。他不断思考："我搞砸了怎么办呀？""有人嘲笑我怎么办？"他试图将这些想法赶走，去想其他事情，但是这些想法总是不断又回来。

星期五早上，卡莫尔醒来后非常焦虑和担忧。他坐下来，试图平复自己的心情。这是一星期以来他第一次承认自己感到焦虑和担忧，他识别出了自己的情绪。

接下来，他尝试做一次放松呼吸练习，这让他的身体感到不那么颤抖了。当"这可怎么办呀？"的想法进入脑海时，他轻柔地对自己说："我正在焦虑和担忧。"给自己的情绪命名，这是他平静下来的方式。他感觉到对自己的内心和身体更有掌控感。

右图：
当老师宣布这一作业时，卡莫尔双手开始颤抖，心跳加快，肚子痛

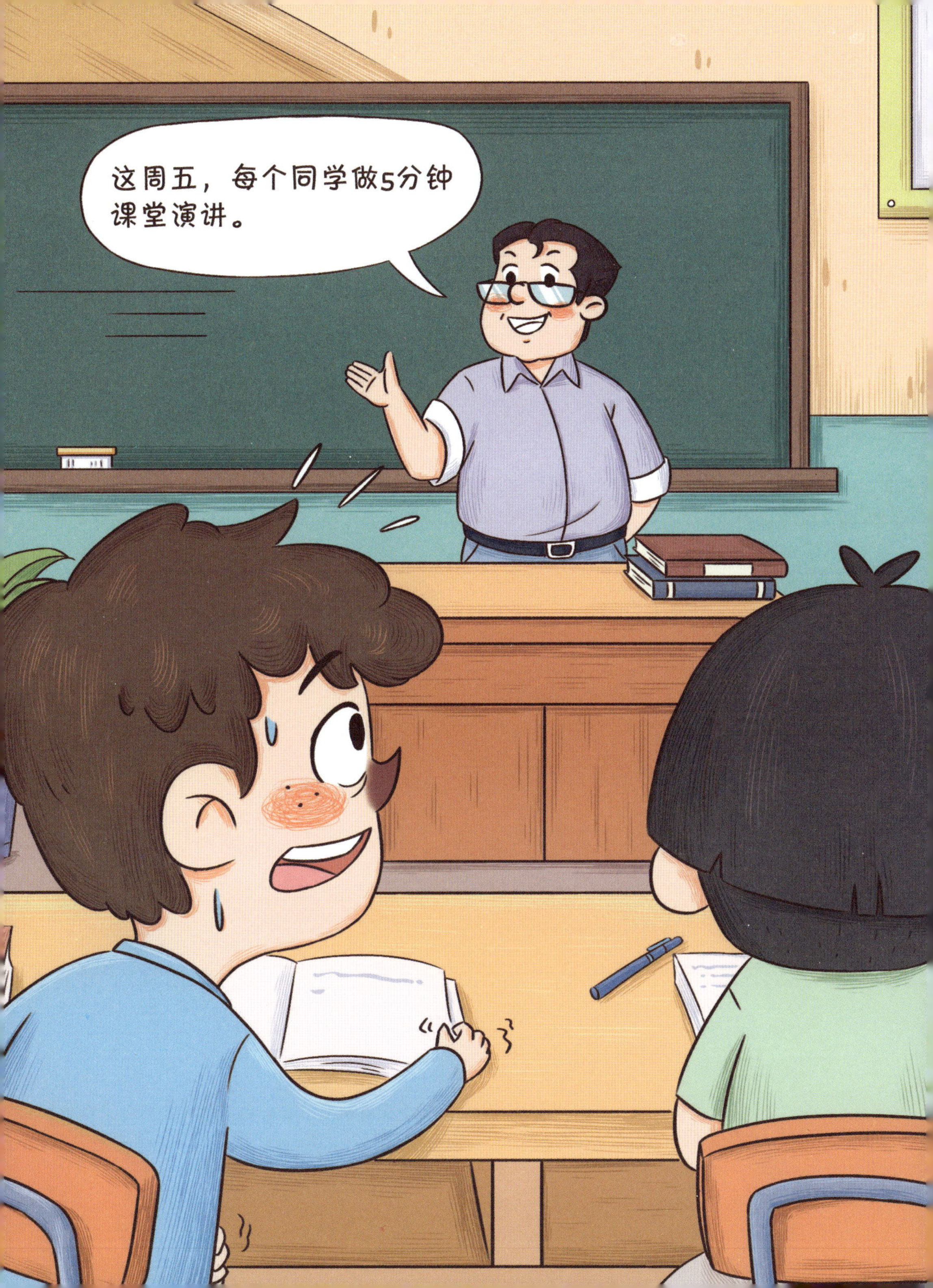
这周五，每个同学做5分钟课堂演讲。

大多数人每天都在内心和身体两个层面体验各种压力、担忧和焦虑。你可能反复思考同一个想法，就像一个循环。你的呼吸可能变得急促，甚至困难。焦虑使你的面部发热，心跳加快，双腿颤抖，肚子疼痛。

　　有时我们对一些无法控制的事情担忧不已。正念能帮助你处理这些担忧。诸如呼吸、运动和冥想等正念练习帮助你的身体平静下来。

　　正念作为一种工具，可与锻炼身体、健康饮食以及谈话疗法共同使用，以帮助处理焦虑和担忧。如果焦虑或担忧影响到上学等日常活动，你就应该找一个值得信任的大人谈一谈，从而找到其他应对方法。

练习 23 是什么让你焦虑？

下面一些情境和活动，可能导致压力和焦虑。哪一种情境会让你焦虑？请圈出来。

家庭内部的冲突

与朋友发生的冲突

家庭作业

会见陌生人

课堂上回答问题

在讲台上演讲

结交新朋友

等待考试成绩

日常活动或日程的突然改变

考试

被朋友冷落

练习 24

焦虑时的身体反应

当你感到焦虑时，觉察身体内部的反应，有助于明白何时使用这一方法能让自己平静下来。当你感到焦虑时，双腿可能会发抖，胃部感到恶心，胸部发紧。花一点时间，想想当你焦虑时身体内部的反应。

当我感到焦虑时，双腿、胃部和胸部有什么反应？

....

....

....

当身体出现以下哪些反应，我知道自己感到焦虑或担忧了？

....

....

....

练习 25

吹焦虑泡泡

这个练习包括两个正念训练：一个是放松呼吸，有助于给身体释放平静下来的信号；另一个是可视化处理（指的是在你心中呈现一幅画），有助于平复心情。选择一个坐姿，可以坐在地板上，也可以坐在椅子上。闭上眼睛。花一点时间，想你可能出现的任何焦虑。现在伸出一只手放在你眼前，想象你手里抓着一根吹泡泡的魔杖。把另一只手放在腹部。用鼻子吸气，感受你的腹部鼓起来。用嘴呼气，慢慢呼出来，就像你正在用魔杖吹泡泡一样。呼气以后，想象你刚吹出来的所有泡泡里充满了焦虑，这些泡泡正飘浮在你的周围。想象所有的泡泡正在飘离你，同时你继续用鼻子吸气，用嘴呼气。五次深呼吸后，轻轻地睁开眼睛。

找一张白纸，画出或记下你观察到的已经飘走的焦虑泡泡。

练习 26

把焦虑冲刷掉

这个练习通过将注意力放在触觉上,来让身体平静下来。用流动的清凉的水来洗手,专注凉水流过手的感觉。如果你的注意力飘到了其他事情上,就轻轻地把它拉回到水流过手的感觉上来。让水流过双手的感觉冲刷掉你内心中和身体上所有焦虑的想法和情绪。

练习 27

紧缩和放松

选择一个坐姿,坐在地板或椅子上,也可以仰面躺下来。闭上眼睛。

在这个练习中,你要做一次身体扫描。尽力去紧缩和绷紧身体的不同部位,然后再放松这些部位。开始时把注意力放在双脚和脚趾上。紧缩双脚和脚趾,持续三秒。然后放松,释放紧绷感。关注脚上所有紧绷感逐渐消失的过程。

接下来,紧缩双腿,持续三秒,然后放松。继续向上移动,紧缩双手、双臂和双肩,各持续三秒,然后放松。继续向上移到头部,紧缩脸部,就像你刚吃了某种特别酸的食物一样,然后放松。最后,紧缩整个身体,然后放松,让这种紧绷感逐渐散去。

在进行紧缩和放松练习之前,你的身体是什么感觉?

在进行紧缩和放松练习之后,你的身体是什么感觉?

第五部分　如何应对焦虑 · 83

练习 28

画一首曲子

这个练习通过把音乐和画画联系起来，帮助身体和心情平静下来。

在这个练习中，选一首你喜欢听并感觉放松的歌。听这首歌的同时，在下面空白处画出进入你脑海的任何画面。可以使用任何形状、颜色和线条，来表达这首歌的画面。让音乐带着你，创作一幅令人平静的画作。

练习 29

给紧张起个名字

　　焦虑是一些令我们感受到压力、恐惧和迷惑的想法，这些想法会不断循环往复。在感受到紧张和焦虑时，去给它们起个名字，有助于你识别这些情绪。例如，把紧张感称为尼奇（Nicky）。等到下次你注意到心跳得很快，内心有焦虑的想法时，就可以对自己说："我猜尼奇来了！"这会帮助你觉察到你的情绪，并提醒你对内心和身体更具掌控力，而不是任由情绪乱蹿。

　　在下面描述你的紧张感。

　　1. 你的紧张或焦虑的名字叫什么？

------

　　2. 描述你的紧张感是哪一种声音。它是吵闹、吓人的，还是轻柔得像耳语一样？

一些棘手的情境让你感到被多种负面情绪淹没。这些负面情绪有时会阻碍其他积极的想法。在本部分，你能学会针对这些棘手情境的应对方法，从而当这些情境出现时，你会有所准备和充满自信。

第六部分

从容面对困境

保持冷静

　　雨琦和两个朋友放学后一起踢足球。她们玩儿得正开心，其中一个朋友说雨琦并不擅长传球，让她在一旁观看，好好学学怎么传球。

　　当雨琦坐在场外时，她感觉很无聊。当她向朋友们提出是否可以再次加入时，她们大笑，并不理睬她。

　　这使雨琦的内心很是受伤。她的眼里充满了泪水，紧紧攥着拳头。她注意到自己的身体有些发抖。她突然感觉到自己想要冲朋友们大喊大叫，斥责她们有多么卑鄙，然后跑开。

　　当雨琦注意到自己受伤的感受，她提醒自己必须做点儿什么来关照自己。她闭上眼睛，想到家里的后花园。那是带给她快乐的地方，并让她感到平静。过了一会儿，她睁开眼睛，感觉好多了。

　　她站起来，走到朋友们的身边，向她们表达了自己的感受，说道："你们忽略我，还大笑，让我很受伤。我们现在能一起踢球吗？"

　　她的朋友们停下来看着她。两个人表示了歉意，说她

右图：
真想冲着她们大喊：你们太卑鄙了！

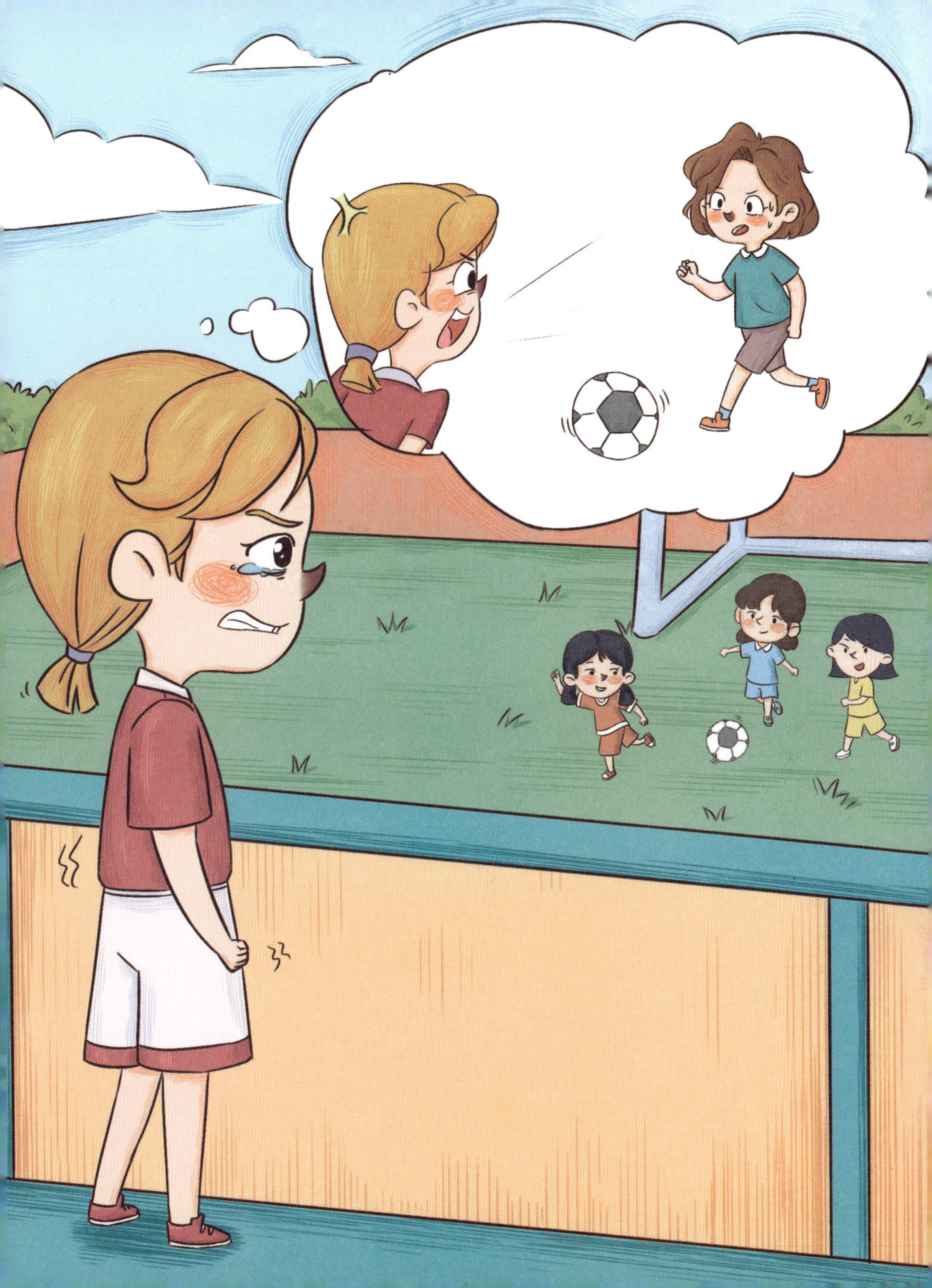

们认识到自己做得有些过分了。雨琦露出了微笑，她们又开始一起玩了起来。

几乎每天都会发生一些具有挑战性的事情。闭上眼睛，想想这些大的或是小的挑战。这些挑战可能发生在家里或者学校里。或许你正在思考一道很难的作业，或者一个突发的日程变动，或者一次与朋友的矛盾冲突。当你想到这些挑战时，你的内心涌现出什么感受？或许你感到沮丧、崩溃，或者受伤。

尽管我们无法控制所遇到的困难阻碍，但可以决定如何对其做出回应。正念能够帮助你在压力下保持平静，以及处理强烈的情绪。当你承认正在应对一个困境，并觉察到你的情绪时，就能够更好地保持冷静，解决问题。

当你面临一次重要的考试、参加一项竞技比赛，或者与家人、朋友争吵时，有时你需要一些帮助来保持平静。通过做一些正念练习和检视你的情绪，你就能够关注当下，找到一种关照自己情绪的方式。反思自我、控制呼吸和活动身体，都是非常有用的应对策略！

练习 30

我身体的哪个部位有反应？

当多种不同情绪出现时，通过觉察身体的反应，你能够知道自己怎样才能以一种平静的方式来回应这些情绪。

思考当你在应对一个困境和感受到强烈情绪时，你的身体是如何回应的。这些回应出现在你身体里的哪个部位？

当我感到愤怒时，我的_____感觉到_____。

当我感到沮丧时，我的_____感觉到_____。

当我感到受伤时，我的_____感觉到_____。

当我感到崩溃时，我的_____感觉到_____。

当我感到压力时，我的_____感觉到_____。

第六部分 从容面对困境 · 91

练习 31

摇动身体

有时当一个人有强烈的情绪时，身体会产生一股强烈的能量。化解这一能量的一种方式，就是活动身体。找一个空间站立。开始摇动一只手臂，然后摇动另一只手臂。摇动一条腿，然后摇动另一条腿。停止摇动。将一只手放在心脏部位，另一只手放在腹部。关注身体在活动以后是什么感觉。

找一张白纸，画出你的身体在摇动后的感觉。

练习 32

转动风车

注意：如果你家里有一个风车，你可以用它来做这个练习。如果没有风车，可以发挥你的想象！在地板或椅子上坐下来，闭上眼睛。想象在你面前一只手正举着一个风车，同时将另一只手放在腹部。先确定你想要哪种颜色的风车。试着选一种可以使你感到平静的颜色。这项活动的目的是，让风车尽可能长时间地转动。为了做到这一点，你要用嘴缓慢呼气。开始做一次深呼吸，用鼻子吸气。感受你的腹部隆起后，用嘴尽可能慢地呼气。想象风车开始转动。重复吸气和呼气，每次呼气时都要想象风车在不停转动。在三次深呼吸后，轻轻地睁开眼睛。

在做完风车呼吸练习后，你有什么感觉？

第六部分　从容面对困境 · 93

练习 33

将消极想法转变成积极想法

所有人都会有消极想法。消极想法让我们感到焦虑或不安，难以看到某一情境本来的样子。这一练习会帮你更好地意识到你出现了哪种消极想法。

阅读下面的每段话以及示例。在你认为的消极想法前面打√。然后记下你自己的消极想法。

☐ 我更关注消极想法，而忘记积极想法。

示例："我在课堂上积极参与并没有什么用处，因为我考试成绩很差。"

我的消极想法：

☐ 我妄下结论。

示例："今天上午麦琪没有跟我打招呼，因此她肯定在生我的气。"

我的消极想法：

☐ 我责备自己或他人。

示例:"我在比赛中犯了一个错误,那是我们队失败的原因所在。"

我的消极想法:

☐ 我以极端的方式来思考问题。

示例:"我画不出来,所以我是一个极其糟糕的画家。"

我的消极想法:

☐ 我给自己或他人贴标签。

示例:"我的作业得了一个C,因为我很蠢。"

我的消极想法:

怎么样能改变消极想法,使你更积极正面,能够纵观全局?在下面记下一些积极想法。

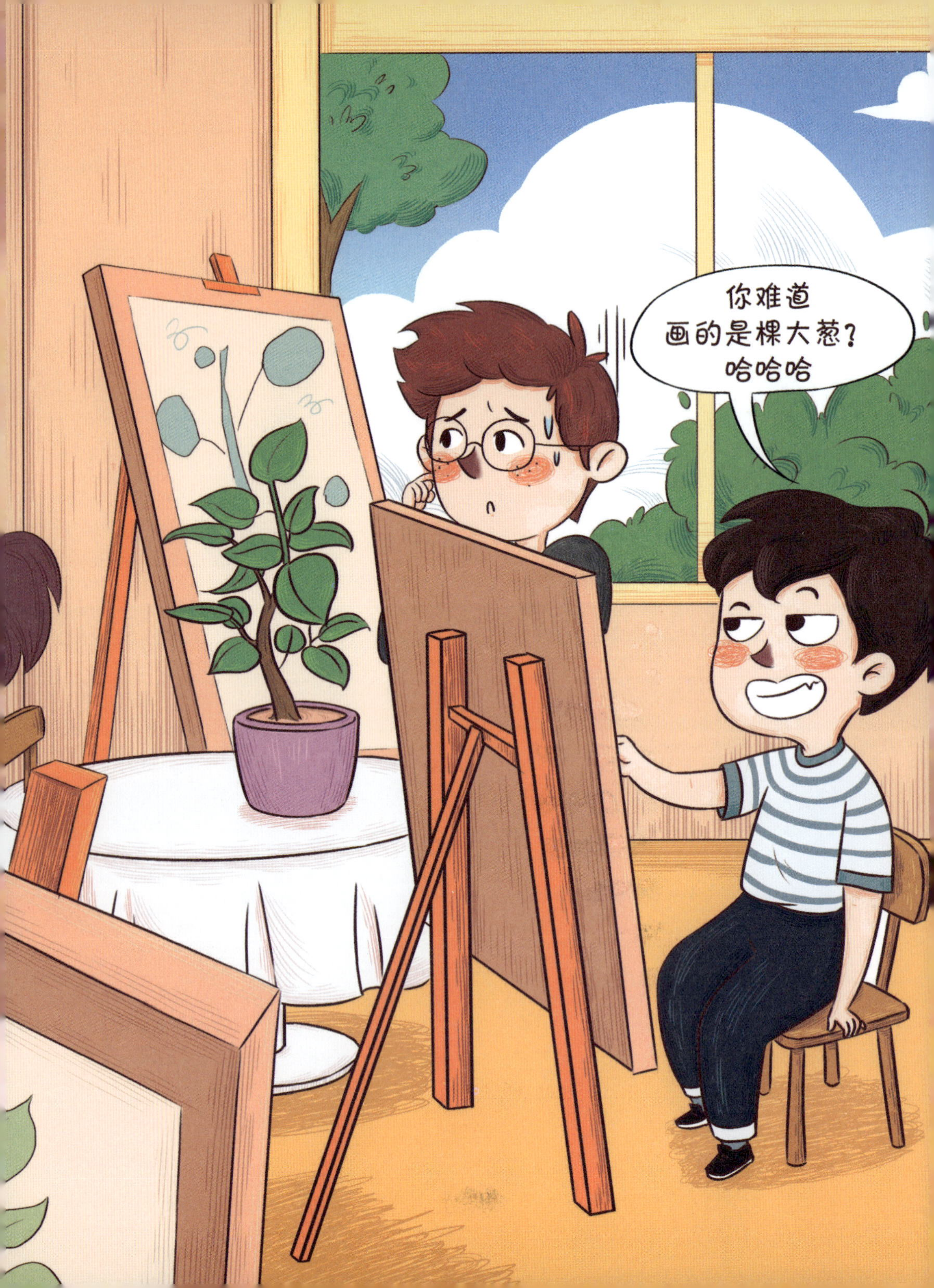
你难道
画的是棵大葱？
哈哈哈

练习 34

难忘的经历

当你回想日常生活中遭遇的各种挑战时，会发现你可以从这些经历中获益，从而获得个人成长。

在下面空白处，记下你面临的某一困境。这一经历让你感觉怎么样？你是如何回应的？你从这一经历中获得了哪些自我成长？

左图：
太丢人了！全班人都在嘲笑我……

第六部分 从容面对困境 · 97

你遇到过暴风雨吗？如果你看过一次暴风雨的形成过程，你可能首先注意到狂风大作，然后乌云翻滚，最后大雨倾盆而至。这一切只发生在数分钟内！

有时情绪会迅速占据我们的身体，就像一次暴风雨的迅猛到来。在这期间，我们可能猝不及防，未经思考就对情绪产生反应。正念会提醒我们思考当下的情绪和正在应对的挑战，然后做出恰当的回应。

第七部分

做出最佳决定

正念行动

尼可正在电脑上写一篇学校布置的论文。经过两个小时的努力,他差一点点就要完成了。

他离开电脑,几分钟后返回来,当发现刚写的论文被意外删除时,他都要崩溃了。尼可非常沮丧。他的脸发热,感觉自己要爆炸了!当他的爸爸走过来,询问他出了什么事时,尼可把头埋在双手中,想要吼叫。但他让自己停下来,体会当时的感受,并对自己说:"没事的,我感到很沮丧。"这帮助他对自己的沮丧有了更多的掌控感,而不让这种沮丧控制自己。

尼可抬起头,看着爸爸。他说:"刚才我的论文被删掉了,我感到非常沮丧。"爸爸坐在他的身边说:"这确实令人非常难受,很遗憾会发生这样的事。让我们一起想办法解决这件事情。"尼可感觉好了一些。

在你必须做出什么决定时,正念会帮助你在付诸行动之前停下来思考。

当我们愤怒、懊恼或沮丧时,我们通常会快速反应,做出选

右图:
刚写的论文被意外删除了,尼克都要崩溃了

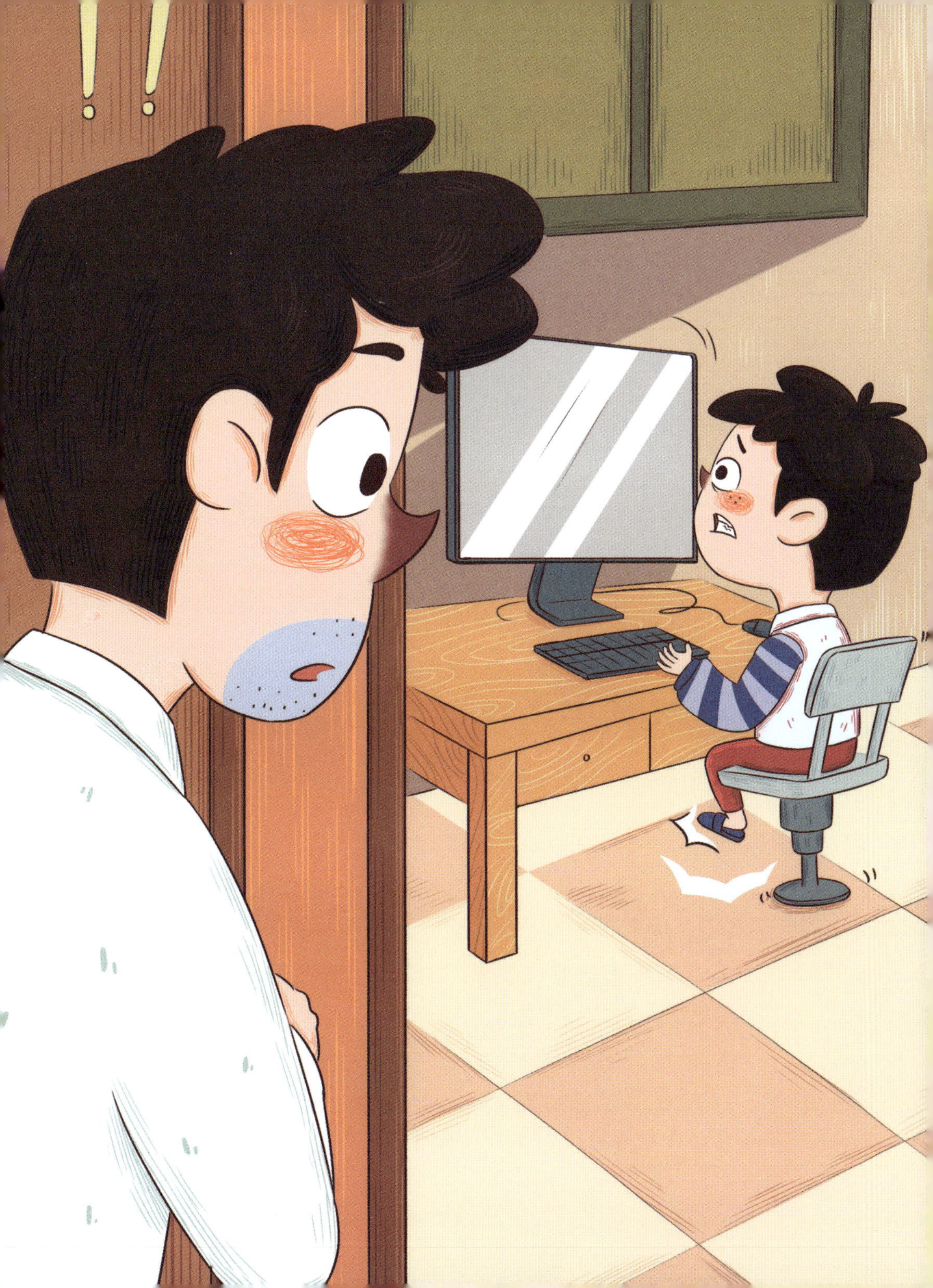

择，而这样做并不会让我们感觉更好。例如，当一个朋友说了一些过分的话后，你很生气，这时你未经思考做出反应，将朋友推开。或者一个人做不出家庭作业感到很沮丧时，他可能会尖叫并将铅笔扔在地上。这些反应并不能帮助你感觉更好。事实上，可能让你更加愤怒和沮丧，甚至失控！

正念可以帮助你在回应自己的情绪时，有更好的掌控感，即使这些情绪来得很快。通过对这些情绪保持正念，你会以一种更理性的方式来回应这些情绪和情境。正念让你看到事情的全貌，你就不会被困在情绪当中，也不会在稍稍反思和喘口气之前就做出反应。

练习 35

即刻反应与理性回应

对情绪产生即刻反应，意味着未经太多思考或觉察就快速付诸行动。产生即刻反应并不会让你或他人感觉更好，比如尖叫或捶打东西。

对情绪产生即刻反应的例子有哪些？

对情绪做出理性的回应，意味着在付诸行动之前保持平静和思考的状态，这样做出的选择通常令你和他人感觉更好。比如向某人冷静地表达自己的情绪，或者在你讲话或行动之前默数10个数。

对情绪做出理性回应的例子有哪些？

练习 36

识别"暴风雨信号"

这一练习可以帮你更好地觉察即将到来的情绪"暴风雨信号"！这些信号是你的内心和身体释放出来的，提醒你这一强烈的情绪可能即将压垮你。你越多地觉察到这一情绪信号，就越能以一种理性的方式来回应这些情绪。还记得某一时刻你未经思考就对情绪产生即刻反应吗？或许你当时很生气，说了一些伤人的话，连自己都没有意识到。或者你因做家庭作业遇到一些问题而感到沮丧，把书重重地摔在地上。

在下面记下你未经思考产生反应的时刻：

_____

当你感到愤怒、沮丧或懊恼时，你的身体发出了哪些信号？

_____

当你感到愤怒、沮丧或懊恼时，你的内心发出了哪些信号？

_____

练习 37 一次畅快的叹气

这个呼吸练习能帮助你释放愤怒或沮丧的感觉,平静下来。当你处于平静状态时,面对涌现出来的负面情绪,就能以一种理性的方式来做出回应。

开始练习时,检视你的情绪和身体。你感觉怎么样?

坐在地板或椅子上。闭上眼睛,把一只手放在腹部,另一只手放在心脏部位。用鼻子吸气,用嘴呼气。当你呼气时,尽力发出一次大大的叹气。尽可能大声地叹气!当你发出大而响亮的叹气时,让呼吸尽可能地舒畅,并注意此时的感觉。当你舒畅地呼吸时,想象你正在让愤怒或沮丧的感觉消散。做三次以上深呼吸,每次呼气时大大地叹气。练习完毕后,轻轻睁开眼睛。

再次检视你的情绪和身体。当下你有什么不同的感觉?

手部练习

练习 38

觉察身体，能够帮助你释放诸如愤怒和沮丧等强烈的情绪。释放这些情绪时，你会对当前的情境更有掌控感，并做出更好的选择。开始练习时将双手攥成拳头，保持三秒钟。松开双手。关注双手放松时的感觉。然后，将注意力依次放在每个手指上，先是左小指，再是右小指。左食指，然后是右食指。左大拇指，然后是右大拇指。继续将注意力放在其余各个手指上。

找一张白纸，拓印出你的手的形状。专注于拓印手四周时的感觉。画好手的轮廓后，挑选一种令你感觉平静的颜色涂上色。

练习 39

行走放松法

当你感到一种强烈的负面情绪时,最应该做的是给自己一些空间,来让自己平静下来。当你感到平静时,可能会以一种更理性的方式来回应情绪,并做出最佳决定。下面这一练习能帮助你获得一些空间,同时让身体慢下来。开始时,快速行走或跑10步。大声数出来,或者默数。当你已经快走或跑了10步以后,将一只手放在心脏部位,另一只手放在腹部。关注身体的感觉。再快走或跑10步,这次要降低步频至中等速度。接下来,在走或跑10步后,将一只手放在心脏部位,另一只手放在腹部。关注当下的身体感觉。最后,再走10步,这次要尽可能地慢。在你走每一步时,都要继续数数。在慢走后关注身体的感觉,你感觉更加平静了吗?

练习 40 愤怒宣言

情绪爆发就像高山上轰然倒塌的雪崩一样，通常会在我们试图去推开情绪或无视情绪时发生。当我们学会接纳情绪原本的样子时，这些情绪就不会如此强烈和势不可挡。为了避免让愤怒控制自己，你可以用下面这些宣言来让自己感受愤怒。（请记住，每一句宣言都是说给自己的一个积极信息。）利用宣言可帮助我们处于掌控状态，并做出理性决定。

圈出你下次愤怒时会使用的自我宣言。

我感觉愤怒也没关系。

我不要被我的愤怒所控制。

我能通过正确的呼吸来度过这次愤怒的经历。

这次愤怒最终会消退的。

你能想到一些其他宣言，以便在下次感到愤怒时使用吗？在这里记录下来吧。

练习 41 做出选择

有时面对某一情境，你必须做一个决定，或者采取一次行动。在你做决定或行动之前，考虑所有可能的选择是有帮助的。做出哪种选择，可以最大程度地关照自己的情绪？正念可以帮助你看到所有可用的选项，然后挑一个你认为最有益的。

当你与朋友或家人陷入冲突时，写出你能采纳的所有选项。

当你写作业或一次考试不够理想时，写出你能采纳的所有选项。

你能想起最近遇到的令你愤怒、沮丧或懊恼的某个困境吗？应对这一困境有哪些可用选项？你会选择哪一个？在下面记下这一情境。

第七部分 做出最佳决定

回忆过去的某个时刻，在那一刻你感觉到某人对你的爱，或者自己对他人的爱。这让你感觉怎么样？你或许感到舒心、安全，以及对自己很欣赏。正念可以通过多种不同方式，来帮助你培养出对自己或他人的爱和仁慈。本部分会提供一些工具和练习，来帮助你培养对他人的共情能力，同时也让你对自己有接纳和悲悯的心。

第八部分

表达善良、悲悯和共情

善待自己和他人

仙妮这一天过得非常糟糕。吃午饭时,她发现所有的朋友都坐在与平时不同的另一张桌子上吃饭。当她走过去,询问自己是否可以加入进来时,她们告诉她没有空位子了。仙妮独自一个人吃饭,感到很孤单,很受伤。

午饭后,她一直试图推开这种受伤和难过的情绪,但是这种情绪又不断涌现出来。她怀疑是不是自己有什么问题,才会导致朋友们不想让她跟她们坐在一起吃饭。

当她放学回家时,妈妈询问她今天过得怎么样。仙妮尖叫道:"我不想谈这个!"然后就跑回自己的房间。妈妈在后边喊她,十分吃惊和迷惑,不清楚仙妮为什么会对她大喊大叫。

仙妮在房间里哭泣。她意识到午饭事件带给自己的难过情绪整整一天都在持续。她此时此刻开始关注自己的感受是怎么样的,并思考为什么。她意识到内心有认为自己不够好的想法,这使她更加难过。

因为觉察到自己的想法和情绪,她做了一次深呼吸,然后对自己说:"我很棒,和以前一样。"对自己的情绪表

右图:
仙妮和妈妈热情相拥,感觉好多了

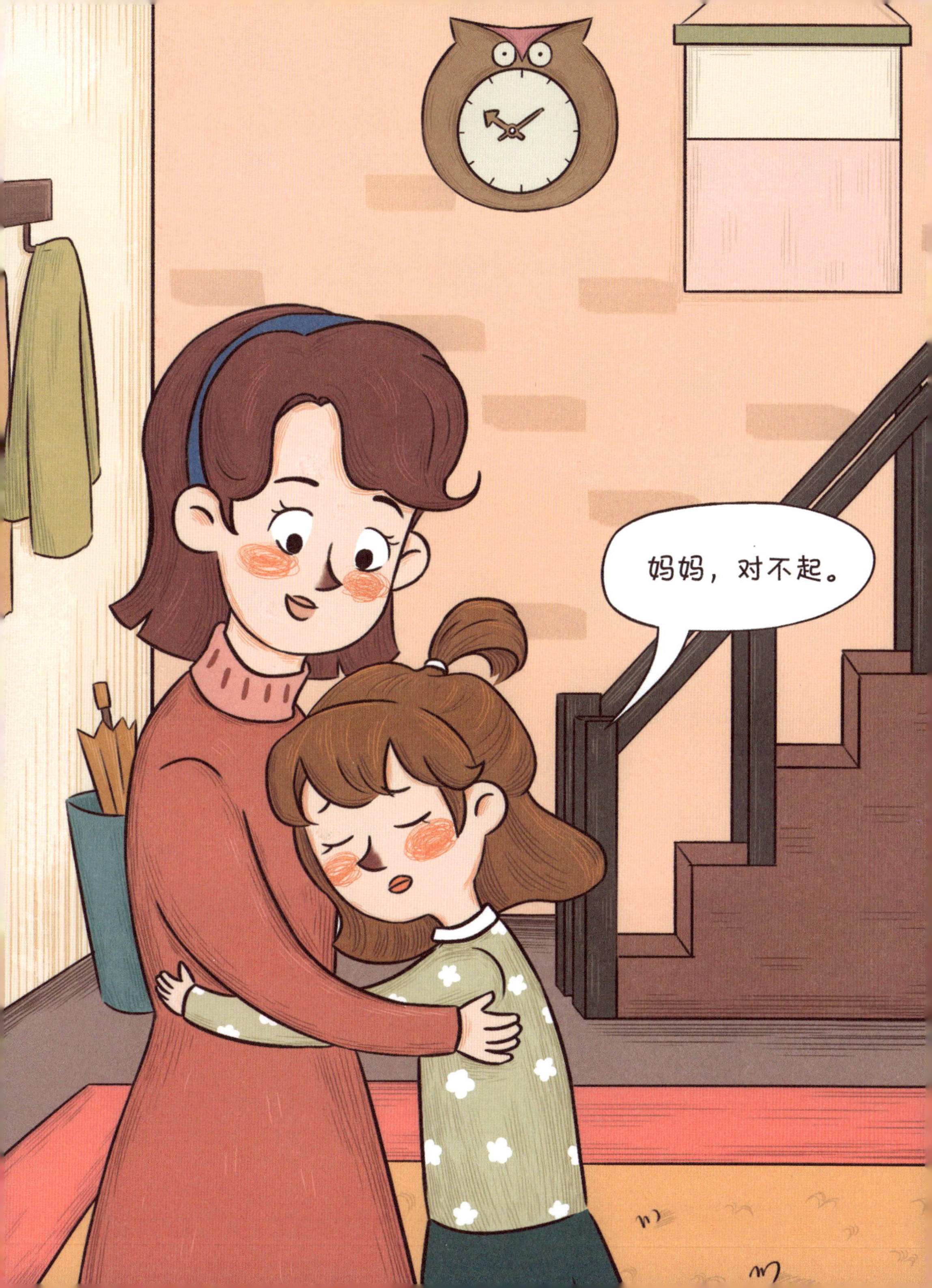
妈妈，对不起。

达同情，这使她感觉好些了。

几分钟后，仙妮下了楼，对妈妈说："对不起，我今天心情不好，没有照顾好自己的情绪。我不是针对你的。"她和妈妈热情相拥，并感觉好多了。

正念的最美妙之处在于，它能帮助我们更仁慈地对待他人和自己。正念让你学会关注，不去评判地接纳自己的内心体验，帮助你以开放和怜悯的双臂来拥抱接纳自己。花一点时间关注自己的情绪和想法，你就能给予自己支持和关照。

正念还能帮助你对他人的经历产生好奇心。当你想要给予他人支持时，好奇心会鼓励你尝试理解他们的内心体验。换句话说，你会对他们的内心体验到底是什么样的，保持好奇心。这就是共情能力出现的地方！

共情意味着换位思考，帮助你理解他们的感受，分享他们的体验。

当你对自己心生怜悯，对他人抱以共情之时，你就能体会到感激或感恩的力量。当你对自己的体验产生感激之情时，就会接纳所有的内心体验，无论它们是好的还是坏的，这会帮助你学习和成长。感激之情也会让你牢记，每天关照自己和他人是一件非常有意义的事。

练习 42

拥抱世界

在地板或椅子上坐下来。闭上眼睛。将注意力放在呼吸上。用双臂环绕你的双肩，就像拥抱自己一样。关注这种带给自己的舒适和爱的感觉。然后，用鼻子吸气的同时，打开你的双臂。向前伸出双臂，就像你正在拥抱周围的空气一样。想象你正在向这个世界传递爱的心愿。关注自己开放和爱的感觉。用嘴呼气的同时，收回双臂，再次给自己一个拥抱。做三次以上深呼吸，拥抱自己，拥抱世界。最后，将一只手放在你的心脏部位，另一只手放在腹部。关注你向内和向外传递爱时当下的感受。

第八部分 表达善良、悲悯和共情

练习 43

传达美好祝愿

找一个舒适的位置，或坐或躺。闭上眼睛。将注意力放在你周围的声音上，关注椅子或地板支撑你身体的感觉（无论你是坐着还是躺着）。关注此时此刻独自一人的感受。开始时，将你最关心的某个人带到心里来。当你想到这个人时，关注自己有什么情绪、感觉和想法从心涌现出来。想象向这个人传达美好的祝愿，说："希望你感到快乐，希望你感到平静，希望你自信满满。"关注你向这个人传达美好祝愿时的感受。现在把令你感到沮丧或懊恼的某个人带到心中。再次想象向这个人传达美好祝愿，说："希望你感到快乐，希望你感到平静，希望你自信满满。"关注你向这个人传达美好祝愿时的感受。最后，在你内心呈现一幅自己的画像。当你想到自己的画像时，关注有什么情绪、感觉和想法从内心涌现出来。再次想象向你自己传达美好祝愿，说："希望你感到快乐，希望你感到平静，希望你自信满满。"关注你向自己传达美好祝愿时的感受。

练习 44

我的所爱

你有哪些热爱的人、活动和事情？将你内心热爱的所有事情，写在下面的空白桃心处。可以任意使用各种颜色、图画和词语。

第八部分　表达善良、悲悯和共情

练习 45

给自己写一封信

对自己充满怜悯，意味着你会像对待最好的朋友一样对自己充满尊敬和仁慈。但是，你可能注意到，和好友讲话同与自己讲话的方式有点不同。给自己写一封信，就像写给最亲密的朋友一样。信中包括：为什么要感激自己？你会更专注自己的哪些优点？你会指出自己哪些美好的品质？你会因为什么而感到自豪？

亲爱的我：

_____

_____

_____

_____

_____

你真诚的朋友

练习 46

为伤心伸出援手

为了给自己提供帮助，你需要说出自己伤心之处的名字。然后询问自己需要做什么才能感觉更好。

如果你的伤心之处能够交流，那它会通过话语、情绪和图画来表达什么？找一张白纸，画出或记下你的伤心之处想要交流的内容。

你的伤心之处需要什么才能感觉更好？它需要话语的支持或鼓励吗？它需要你做呼吸练习吗？需要活动自己的身体吗？

找一张白纸，画出或记下你是如何关照自己的伤心之处的。

练习 47

说出关照性话语

当遇到困难时，我们对自己仁慈的最有力方式之一，是给我们的情绪命名，并说一些关照和怜悯的话语。在下面的表格中填一些表达仁慈的话语，替代尖刻而评判性的话语。然后举一些你自己的例子。

需要替代的	尝试要说的
"我不够好。"	"我一直很好。"
"我是一个失败者。"	"我的缺点让我更真实。"
"没有人理解我。"	"每个人都有内心冲突。"
"我憎恨这种感觉。"	
"没有人关心我。"	

练习 48

感谢的心声

向你生活中的人，表达他们对你来说很重要，有助于使你和他人感到开心和被爱。在下面空白处向你生活中四个不同的人，写下感谢的心声。你可以告诉他们，你感激他们的方方面面，他们带给你哪些支持，以及他们带给你快乐的点点滴滴。

提示：将每个感谢心声的内容拍照，发给那些对你来说重要的人。

第八部分　表达善良、悲悯和共情

这是一天的最后时光！晚上，我们有时会心烦意乱，仍在为白天发生的事情困扰。你有过这样的状态吗？你可以随时进入正念状态，帮助自己在睡前反思和平静下来。本部分会帮你探索和使用不同的练习来放松身体，平静内心。

第九部分

夜晚补足能量

有时你内心有很多想法

玛雅睡不着。她的内心被各种想法和担忧所占据,她试图将这些想法和担忧推开,但只会让它们更为强烈。

玛雅意识到推开这些想法和担忧并不起作用。因此,她决定尝试来一次身体扫描练习,即将注意力集中于身体的感受,来平复自己的想法。当她开始觉察自己的身体时,她关注到身体已经很疲倦了。这使她的想法和担忧逐渐平复下来。她的内心变得越来越平静,最后进入了梦乡。

闭上眼睛,想象自己准备上床睡觉。

你可能注意到,经历了一整天发生的各种事件,你的内心有很多混合在一起的情绪。你的身体可能已经感到很疲惫,但是内心还处于兴奋的状态,被各种想法所缠绕着。你可能还受困于对某一特定事情的思考上,这件事情是白天发生的,也可能是明天即将要出现的。无论什么原因,在一天的最后时光,最重要的是将自己的注意力转换到当下,在上床睡觉前让自己平复下来。

正念能帮助你在夜晚到来之前放松和平复下来。夜晚是对身体、想法和呼吸进行检视的一个重要时刻。接下来会为你介绍一些练习,帮助你以一种感恩和平静的状态结束这一天的时光。

右图:
玛雅睡不着,心里被各种想法和担忧所占据

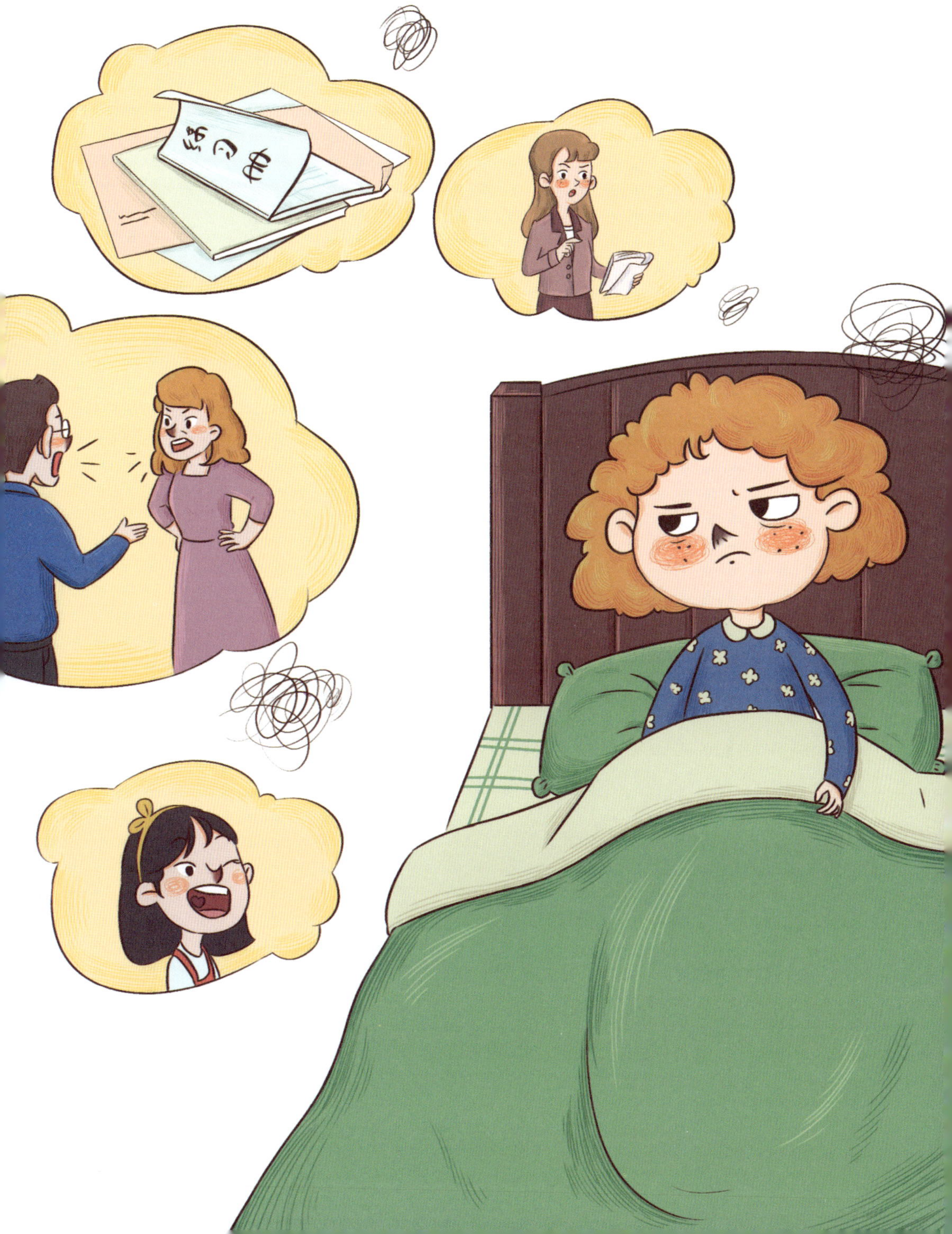

练习 49

月亮禅语

在晚上有一个帮助你平静和放松下来的方式,就是使用一个能让你更专注的禅语(禅语是指在冥想过程中不断重复的一个词汇或一段话)。

在下面的月亮禅语中圈出你会在今晚用到的禅语。

吸进然后呼出。

我很平静和放松。

我的内心很平静。

今天已经过去了。

我在渴望明天。

练习 50

蜷缩和伸展

你可以在睡前轻轻地伸展身体，做出让你感到放松的各种姿势，帮助你在上床前使身体平静下来。开始时仰卧在床上或地板上，将双膝弯曲至胸口，用双手环抱双膝。用鼻子吸气的同时，用力抱紧你的双膝。呼气时，放开双膝至身体右侧，同时将头转向左侧。在这个姿势上停留一会儿。然后，将双膝再次弯曲至胸口，用鼻子吸气的同时，用力抱紧双膝。呼气时，松开双膝至身体左侧，同时将头转向右侧。在这个姿势上停留一会儿。练习完成后，将双膝弯曲至胸口，同时用鼻子吸气。呼气时，伸展双腿和双臂。关注床或地板支撑身体的感觉。

第九部分　夜晚补足能量・127

练习 51

思绪小溪

这一视觉化练习能够在上床前平复你的心情（请注意，视觉化是指在脑海中形成一幅画的过程）。找一个舒服的姿势仰卧。闭上眼睛，关注涌现在你脑海中的所有想法。你正在想起过往或未来的一些事情吗？你正在担忧可能会发生什么事情吗？关注脑海出现这些想法时的内心感受。现在想象你正坐在一条慢慢流动的小溪旁边。关注你坐在小溪旁边时可能听到的声音，以及看到的景象。关注坐在这条缓缓流动的小溪旁边是一种什么样的感觉。每当有一个想法跳进你的脑海时，就将它放在水流中，观察它顺着溪流流走了。关注自己的想法流走是一种什么样的感觉。或许你开始意识到，顺着溪流流走的想法越来越少。甚至在某一时刻，你可能根本看不到溪流中有任何想法！小溪只是流动的水流，你的内心清晰而平静。

你在小溪中放了什么想法？找一张白纸，画一幅溪流。

练习 52

月光身体扫描

这个身体扫描练习能够帮助你释放压力和更好地入睡。找一个舒服的地方躺下来，闭上眼睛，想象你看到自己沐浴在月光之下。描绘月光的颜色。月光或许是柔白色的，或者是明蓝色的，或者是暖黄色的。选择一个能让你感觉平静和放松的颜色。现在，当你吸气时，想象月光的这一颜色慢慢从你的身体里移动，从脚趾和双脚开始。当月光在你的身体里升腾时，每个身体部位都变得沉重和放松。继续吸气和呼气。感受月光在你的双腿中升腾，经过腹部、双手、双臂和双肩。随着每一次呼吸，月光持续升腾的同时，你的身体释放出所有紧张，一直到达头顶。做完练习后，轻轻睁开你的眼睛。

找一张白纸，画出你头脑中的月亮画面。

在做完月光身体扫描后，你的身体有什么感觉？

练习 53

情绪冥想

　　冥想练习可以帮助你对自己白天感受到的情绪进行反思和内省。找一个舒服的坐姿，闭上眼睛。思考白天对你产生困扰的一种情绪感受（比如焦虑、沮丧、悲伤或恐惧）。当你回想起这个困扰你的情绪时，关注身体里涌现出的任何感觉。现在想象，在你每次吸气时，你正在创造空间来容纳这种情绪；在你每次呼气时，你正对这种情绪和自己表示怜悯。吸进接纳的感觉，呼出怜悯之心。然后，回想今天给你带来某种快乐的体验或情绪（比如你与一个朋友在一起，或者你参加一项热爱的活动）。当你回想起这个快乐情绪时，关注身体里涌现出的任何感觉。再次想象，在你每次吸气时，你正在创造空间来容纳这种情绪；在每次呼气时，你正向这种情绪或体验表达感激之情。吸进接纳的感觉，呼出感激之情。将注意力带回到你的呼吸和身体上来。

　　有什么情绪或体验让你感觉到困扰？

　　有什么情绪或体验让你有一些快乐？

我们一起前行

祝贺你！你马上就要读完这本书了！

让我们从头开始，回顾一下你的正念之旅。闭上眼睛，回想你最早翻开这本书的那一时刻。你可能有一种不确定感，或者有一点兴奋。你可能因为某个理由认为正念会很有帮助，你也为自己设定了一个目标。或者只是想去尝试一下不同的练习，觉得很有趣而已。

可以快速翻阅一下各个不同章节的内容。当你翻阅时，内心涌现出什么样的情绪？你能够使用已学会的东西，来处理自己生活中的任何情境了吗？

现在你已经读到最后一页了，回想一下你从书的第一页开始学会了什么。你学习了正念的神奇之处，明白正念能帮助你开启每一天的生活，发现你的专注点，不断了解你的情绪，修通你的焦虑。你还学习了正念如何帮助你在困境下保持平静、做出更好的决定、

对自己和他人报以仁慈，以及用一种积极的宣言来度过你的一天。

本书对你有帮助吗？或者令你产生困扰了吗？你的正念之旅中有任何一处让你感到惊讶了吗？在下面空白处记下你的经历。

尽管现在已经读完了全部内容，但你的正念之旅仍要继续。通过探索和练习，你已经对情绪、想法和行动有更多的觉察。你甚至更加了解自己，而这些你以前可能根本不知道！

我希望，你在本书中学到的工具和练习会对你在学校和家里，以及在你与他人的关系中有所帮助。你可以持续不断地进行本书中的练习，或者创造出新的练习方法。要有创造力！请记得，正念是一种帮助你觉察身体内部和外部状态的一种练习。正念帮助你接纳自己的体验，而不是试图去推开它或认为你的体验是错误的。

我鼓励你每天坚持练习正念。通过简单地问自己——"我现在注意到了什么？"，你能将任何时刻变成一个正念时刻。你会对周围的世界产生好奇心，并对自己和他人产生怜悯之心。

祝愿你在接下来的正念之旅中一切顺利！